Walter Hower
Diskrete Mathematik
De Gruyter Studium

Weitere empfehlenswerte Titel

A Primer in Combinatorics
Alexander Kheyfits, 2021
ISBN 978-3-11-075117-8, e-ISBN 978-3-11-075118-5

Geometry and Discrete Mathematics
A Selection of Highlights
Benjamin Fine, Anthony Gaglione, Anja Moldenhauer, Gerhard
Rosenberger, Dennis Spellman, 2018
ISBN 978-3-11-052145-0, e-ISBN 978-3-11-052150-4

Maschinelles Lernen
Ethem Alpaydin, 2019
ISBN 978-3-11-061788-7, e-ISBN 978-3-11-061789-4

Grundlagen der Informatik
Heinz-Peter Gumm, Manfred Sommer
Band 1 Programmierung, Algorithmen und Datenstrukturen, 2016
ISBN 978-3-11-044227-4, e-ISBN 978-3-11-044226-7
Band 2 Rechnerarchitektur, Betriebssysteme, Rechnernetze, 2017
ISBN 978-3-11-044235-9, e-ISBN 978-3-11-044236-6
Band 3 Formale Sprachen, Compilerbau, Berechenbarkeit
und Komplexität, 2019
ISBN 978-3-11-044238-0, e-ISBN 978-3-11-044239-7

Elektronik für Informatiker
Von den Grundlagen bis zur Mikrocontroller-Applikation
Manfred Rost, Sandro Wefel, 2021
ISBN 978-3-11-060882-3, e-ISBN 978-3-11-060906-6

Walter Hower

Diskrete Mathematik

Grundlage der Informatik

DE GRUYTER
OLDENBOURG

Autor

Professor Dr. rer. nat. Walter Hower, Diplom-Informatiker, Studium (Schwerpunkt Künstliche Intelligenz, Nebenfach Wirtschaftswissenschaften) und Promotion (im Schnittfeld Kombinatorische Optimierung / Künstliche Intelligenz) in Informatik; 1996/'97 Senior Research Scientist (Forschungsgruppenleiter in einem EU-Projekt) und Honorary Visiting Lecturer (Artificial Intelligence, Knowledge-Based Systems), University College Cork, National University of Ireland, Hobby-Fußballer (Mittel-Stürmer) Kinsale A.F.C.; später, seit Herbst 2002 Professor in Baden-Württemberg, Landes-Lehrpreis 2006; 2009 bundesweit 3. Platz Professor des Jahres Ingenieurwissenschaften/ Informatik (UNICUM Stiftung gGmbH); Vertrauens-Dozent der Gesellschaft für Informatik; Forschungs-Interessen: KI, Kombinatorische Optimierung unter Rand-Bedingungen („constraint satisfaction"), kooperative und nicht-kooperative Spiel-Theorie.

ISBN 978-3-11-069554-0
e-ISBN (PDF) 978-3-11-069555-7
e-ISBN (EPUB) 978-3-11-069567-0

Library of Congress Control Number: 2021942361

Bibliografische Information der Deutschen Nationalbibliothek
Die Deutsche Nationalbibliothek verzeichnet diese Publikation in der Deutschen Nationalbibliografie; detaillierte bibliografische Daten sind im Internet über http://dnb.dnb.de abrufbar.

© 2022 Walter de Gruyter GmbH, Berlin/Boston
Druck und Bindung: CPI books GmbH, Leck
Coverabbildung: Walter Hower

www.degruyter.com

Für meine Fans — und die Tapferen, welche es noch werden wollen ☺

Vorspann zur 2. Auflage

Auf vielfachen Wunsch hin habe ich die Ehre, mein Erst(lings)-Werk neu auflegen zu dürfen. Neben der Verbesserung mancher Details im Hauptteil ergänzte ich im Anhang die zugehörigen Lösungen und fügte weitere Aufgaben (nun gleich mitsamt ihren Auflösungen ☺) sowie ein sicherlich hilfreiches Sachwort-Register hinzu.

Dank allen Beteiligten — meinen Töchtern für ihre begleitende Ermunterung, meiner Frau für ihren fürsorglichen Hinweis auf mein Arbeitszimmer, meinem Bruder für seine spitzen Kommentare (die mich erst recht nach vorne trieben) und selbstredend dem Verlag für die professionelle Lehrbuch-Umsetzung.[1]

Möge dieser hiermit lesbar gewordene LATEXt (wieder ☺) Wissen mit Spaß vermitteln.

WHo

---

[1]Nicht zu vergessen: dem Leben allgemein, das es letztlich ja noch gut mit mir meint

https://doi.org/10.1515/9783110695557-202

Vorwort zur 1. Auflage

Die Informatik hat die Mathematik zur Technologie gemacht. Auf der einen Seite nutzt sie mathematische Konzepte in unterschiedlichsten Anwendungen, andererseits bereichert sie die Mathematik durch neue Konzepte und Erkenntnisse. Heute gibt es kaum Teilbereiche der Mathematik, deren Methoden im Zusammenhang mit der Informatik in irgendwelchen technischen Anwendungen oder der wissenschaftlichen Forschung nicht angewendet werden. Unter diesen vielen Mathematikkenntnissen gibt es ein paar Grundbereiche, die für die Kerninformatik unumgänglich sind und mit denen jede Informatikerin und jeder Informatiker vertraut sein muss. Gerade diesen zentralen Themen ist das Lehrbuch von Walter Hower gewidmet.

Die Mathematik zu vermitteln bedeutet, die grundlegenden Konzepte und Begriffe zu bilden und ihre Methoden zu präsentieren. Das Lehrbuch fängt mit der Darstellung von Funktionen und Relationen an, fährt fort mit der Mengenlehre und steigert das Thema zum Konzept von Cantor hinsichtlich des Vergleichs unendlicher Größen, der Basis für die Untersuchung der Grenze der Automatisierbarkeit in der Informatik. Das nächste Kapitel, Boolesche Algebra, liefert die Grundlagen der Logik, die für jeden Wissenschaftler unabdingbar sind. Das darauf folgende Kapitel behandelt die korrekte Argumentation in Form von mathematischen Beweisen; hier kommen sowohl der direkte als auch der indirekte Beweis zum Tragen, ebenso die Induktion. Danach folgendes Thema ist den Zähltechniken mit dem Fokus auf der Kombinatorik gewidmet. Das Lehrbuch schließt mit der diskreten Wahrscheinlichkeitstheorie.

Das ganze Buch trägt die klare Unterschrift des Autoren, mindestens für diejenigen, die ihn kennen. Dazu gehören die Präzision und Sinn für das Ganze sowie für das Detail. Die Begeisterung des Verfassers für den zu vermittelnden Stoff kann nicht übersehen werden. Begleitet mit dem entsprechenden Tempo und hoher Prägnanz ist es eine ausgezeichnete Quelle für die Vermittlung der Grundlagen der Mathematik für Informatiker.

Juraj Hromkovič   ETH Zürich

https://doi.org/10.1515/9783110695557-203

Inhaltsverzeichnis

0 Einführung

Das vorliegende Buch korrespondierte mal zu meiner gleichnamigen Erst-Semester-Vorlesung, die von 150 englisch-sprachigen Beamer-Folien getragen wurde. Dies bewog mich dazu, auch hier die Terminologie teilweise in Englisch zu fassen — neben dem „Seiten-Effekt" der einfacheren Erschließung der internationalen Standard-Literatur, aus der ich eine kleine Auswahl am Ende aufgelistet habe, einschließlich eines Werkes in Französisch, für unsere frankophonen Freunde und Freundinnen ☺. (Manchmal unterschlage ich die weibliche Schreib-Form aus Bequemlichkeit und auch im Hinblick auf's flüssige Lesen; dass die „Ladies"* mitgemeint sind, ist eine Selbstverständlichkeit.)

Für viele Studierende ist *Diskrete Mathematik* „hartes Brot"; dieses Buch will helfen, den manchmal abstrakten Formalismus gutmütig aufnehmen zu können. Dazu habe ich einen speziellen Präsentations-Stil entwickelt, der den Stoff ☺ hoffentlich schmackhaft darbietet. (Natürlich ist Vieles längst nicht so dramatisch wie hier und da zugespitzt, erst recht nicht für uns Insider; ich adressier's ja hauptsächlich an Informatik/Mathe-Interessierte und Studierende in der Eingangs-Phase — ok, auch an Fach-Kolleg*en, die dieses Büchlein empfehlen mögen. ☺) Somit sollte sich das vorliegende Teil auch „stand-alone" nutzen lassen, ohne interaktives Erlebnis im Hörsaal oder synchroner Online-Session. Meine Studierenden mögen mir nachsehen, dass ich längst nicht alle Schenkel-Klopfer in den Text einstreuen konnte; trotz vorliegendem Skript-Buch jedoch wird's in der Vorlesung nicht langweilig. Wie bei manchem Smiley: Da bleibt nicht nur kein Auge trocken (Bemerkung für den „inner circle"). ☺

Der Aufbau hier läuft nicht zwingend entlang einer historischen Schiene oder einer womöglich sonst üblichen Reihenfolge gehorchend; er dient lediglich einem gewissen Pragmatismus. Hier und da wird mit einem erst später präzisierten Begriff vorgegriffen und Menschen-Verstand zugeschaltet (ohne an Genauigkeit verlieren zu wollen); ein hoch-axiomatisch eingefärbtes Werk für die werdende Mathematikerin war nicht geplant. Bei der Themen-Auswahl ließ ich mich vom Bedarf für ein Informatik-Studium leiten. Gerade dort muss peinlichst auf eine saubere Notation geachtet werden — dies einzuüben sollte mit diesem Buch gelingen.

Im grundlegenden ersten Kapitel beginnen wir mit den natürlichen Zahlen, führen Funktionen ein und beleuchten die Welt der Relationen. Im zweiten Kapitel legen wir die Grundlagen der Mengen-Lehre, stellen weiterführende Begriffe vor, präsentieren innewohnende Gesetzmäßigkeiten und räsonieren über die Größen-Ordnung sowohl endlicher als auch unendlicher Mengen. (Diese Betrachtung der Unendlichkeit bereitet den Boden für ein intuitiveres Verständnis der Unberechenbarkeit in der Theoretischen Informatik.) Das dritte Kapitel behandelt die *Boole*sche Algebra. Begrifflichkeiten und Gesetze werden dargelegt sowie die entsprechenden Werte-Tafeln aufgestellt; interessant zu erwähnen sind die Formeln für die Anzahl möglicher Belegungen und Funktionen. Das

https://doi.org/10.1515/9783110695557-001

vierte Kapitel beherbergt die gängigsten Beweis-Prinzipien. Dargeboten werden die Induktion sowohl auf natürlichen Zahlen als auch auf Zeichen-Ketten sowie der direkte
und der indirekte Beweis. Mit dem fünften Kapitel geht's dann auf die Achterbahn ⌣
der Zähl-Techniken. Hier finden sich Summen-, Produkt- und Quotienten-Regel ebenso ein wie das Schubfach-Prinzip und der Mechanismus des Ein-/Ausschlusses. Die
dort folgende Rekurrenz-Relation lässt sich als Kreativitäts-Werkzeug einsetzen, um
bei einer Zähl-Aufgabe auf eine geschlossene Formel hoffen zu dürfen. Es kommen noch
Reihenfolge- und Auswahl-Problem-Lösungen an die Reihe, mitsamt Permutations- und
Binomial-Koeffizienten. Als Schmankerl biete ich zusätzlich die Stirling-Zahlen erster
und zweiter Art, also Zyklus- bzw. Teilmengen-Zahlen, und die Bell-Zahlen an. Das
sechste Kapitel mit der allgemeinen und bedingten Wahrscheinlichkeits-Theorie (einschließlich des obligatorischen Ziegen-Problems ⌣) liefert den Show-down.

Es ist ein recht handliches Exemplar geworden; dies sollte Sie/dich dazu verführen,
das Buch gerne zu nutzen. Trotz des übersichtlichen Umfangs, vielleicht gerade wegen
der Mühe, prägnant und ohne unnötigen Ballast formulieren zu wollen, war es ein
kleines Stück Arbeit. Auf diesem Weg dahin haben mich einige mir wohlgesonnene
Geister begleitet. Selbstredend sind meine Eltern zu nennen, von denen wenigstens
meine Mutter das End-Produkt im wahrsten Sinne des Wortes noch sehen möge.[1] Meine
Mathematik-Lehrer/innen (und die -Professoren im Informatik-Studium an der Uni
Kaiserslautern) haben natürlich fachlichen Anteil, ohne deren Esprit ich es nicht bis zu
diesem Werk gebracht hätte; Robert Kirsch, dem ich dieses Buch ebenfalls widme, hätte
es sicher gern noch erlebt. Im privaten Bereich profitiere ich, auch emotional, stark von
meiner Familie; meine drei Girlies tragen immer motivierend bei. Nicht ganz unerwähnt
lassen möchte ich die professionelle Umgebung, in der man zumindest nicht behindert
werden sollte; dieses Umfeld ist mir derzeit vergönnt. Mein Dank gilt auch meinem
Fach-Kollegen Juraj Hromkovič, der sich freundlicherweise die Zeit nahm, das Vorwort
der Erst-Auflage zu übernehmen. Meine Studierenden, mit denen ich ja schon einiges
durchmache[2] ⌣, taten ein Übriges: sie wollen die gesprochenen Sätze fixiert haben und
dieses Traktat als Souvenir — voilà!

Spätestens zum Ende hin schlägt die Stunde des Verlags. Mein Dank geht an's gesam-
te Lektorats-Team für die Koordination des Projekts sowie an die Truppe im LaTeX-
Steinbruch für die damals sehr hilfreiche Herstellung meiner handgezeichneten Vorlagen.

So ist es vollbracht; viel Spaß mit *Diskrete Mathematik — Grundlage der Informatik* !

---

[1]Sollte es für mich 'ne enge Kiste ⌣ werden, handhabt's einfach wie an folgender Stelle geschildert:
`Informatik Spektrum` (Juni-Ausgabe 2008) 31(3):274, oberes Drittel, rechte Spalte, letzter Satz.
[2]Diese Binär-Relation ist weder *symmetrisch* noch *asymmetrisch* und auch nicht *anti-symmetrisch*;
siehe das nun folgende Start-Kapitel.

1 Grundstock

Wir beginnen ganz harmlos mit den Grundlagen des Gebiets. Fundamental sind sicher die Peano-Axiome zusammen mit der Menge der natürlichen Zahlen; dies ist gleich Gegenstand des ersten Abschnitts. Im zweiten Abschnitt besprechen wir den Funktions-Begriff mitsamt einigen speziellen Ausprägungen. Im dritten Abschnitt widmen wir uns den Relationen; dies schließt das allgemeine n-stellige Cartesische Produkt ebenso ein wie das Konzept des Verbands mit seiner Partial-Ordnung. Dieses erste Kapitel möge zum mentalen „Booten"[1] ⌣ reichen.

1.1 Basis

Wir führen die *natürlichen Zahlen* ein und beleuchten die fünf Peano-Axiome.

Mit $\mathcal{N}$ bezeichnen wir die (unendlich große) Menge der $\mathcal{N}$atürlichen Zahlen ; $\mathcal{N} :=^2 \{0, 1, 2, 3, \ldots\}$. Für Informatiker unerlässlich ist es, als kleinste Zahl die „0" zu nehmen — weshalb wir der Bequemlichkeit halber erst gar nicht die Bezeichnung $\mathcal{N}_0$ bemühen. Festgehalten wurde dies bereits von Guiseppe Peano in seinen Axiomen :

1. „0" ist eine natürliche Zahl.

2. „0" ist nicht Nachfolger ($:= n{+}1$) einer natürlichen Zahl (n).

3. Jeder *n*atürlichen Zahl n folgt genau eine Nachfolger-Zahl $n + 1$.

4. Verschiedene natürliche Zahlen haben verschiedene Nachfolger-Zahlen.

5. Wenn in einem *T*eil-Bereich T („$\subseteq$") der natürlichen Zahlen die „0" und generell für jede Zahl in T auch („$\longrightarrow$") deren Nachfolger-Zahl in T enthalten ist, dann („$\Longrightarrow$") handelt es sich bei T um $\mathcal{N}$.

Formaler sehen die *Peano-Axiome* so aus:

---

[1] (engl.:) „einen Computer neu starten, wobei alle gespeicherten Anwenderprogramme neu geladen werden" — DUDEN, Band 5, Das Fremdwörterbuch, 9. Auflage, Seite 147, mittlere Spalte, unten, Dudenverlag, Bibliographisches Institut & F. A. Brockhaus AG, Mannheim, 978-3-411-04059-9, 2007; ebenso: DIE ZEIT, Das Lexikon, Band 2, Seite 314, rechte Spalte, unten, Zeitverlag Gerd Bucerius GmbH & Co. KG, Hamburg / Bibliographisches Institut, Mannheim, 978-3-411-17562-8, 2005

[2] „$l := r$" bedeutet: die *l*inke Seite bekommt ihren Wert von der *r*echten, „$l =: r$" heißt: die *r*echte Seite bekommt ihren Wert von der *l*inken; die Wert-Zuweisung geht in Richtung des Doppelpunkts.

https://doi.org/10.1515/9783110695557-002

1. $0 \in \mathcal{N}$;   „$\in$" bedeutet: „(ist) Element von".

2. $0 \neq s(n) := n + 1$, $n \in \mathcal{N}$; $s :=$ „successor" ist die Nachfolger-*Funktion*[3].

3. $\forall\, n \in \mathcal{N} \;\; \exists!\, s(n)$; $\forall :=$ „für alle" (All-Quantor), $\exists :=$ „es gibt" (Existenz-Q.)[4].

4. $n_1 \neq n_2 \;\;\Longrightarrow\;\; s(n_1) \neq s(n_2)$;   die Nachfolger-Funktion ist *injektiv*[5].

5. $0 \in T_{[\subseteq\, \mathcal{N}]}$, $\forall\, n_{[\in\, \mathcal{N}]} \in T \;\longrightarrow\; s(n) \in T \;\;\Longrightarrow\;\; T = \mathcal{N}$; „Induktions-Axiom".

Das letztgenannte Axiom stellt das Fundament des Beweis-Prinzips der *Induktion* dar; siehe das generelle Vorgehen beim Induktions-„Schritt" in Unter-Abschnitt 4.1.1 (S. 35).

Hier bieten sich jetzt einige Worte zur Un-/Gesichertheit von Axiomen (und auch sogenannten „Hypothesen") an: Axiome lassen sich i. Allg. nicht beweisen. Sie werden lediglich — aber immerhin — als sinnhaftig angesehen; sie stehen nicht im Widerspruch zum aktuellen mathematischen Weltbild. Genau an dieser Stelle könnte jedoch „der Hund begraben liegen". Würde man nämlich etwas vorfinden, was sich zu einem Axiom als widersprüchlich erweist, so müsste man sich entscheiden, welche Sicht stimmiger ist. Dies könnte dazu führen, dass das Axiom aufgegeben wird. Würde dies dem o. g. 5. Peano-Axiom passieren, wäre mit Induktions-Beweisen „Hängen im Schacht".[6]

1.2   Funktionen

Kommen wir nun zum zentralen Begriff der *Funktion* mitsamt einigen Spezialisierungen.

$$f:\; D \to C \qquad\qquad .$$

Sie weist jedem Eingabe-Element der „Start"-Menge D (links des Pfeils) genau ein Ausgabe-Element der „Ziel"-Menge C (rechts des Pfeils) zu — notationell   :

$$\forall\, x \in D \;\;\; \exists!\, f(x) \in C \qquad\qquad .$$

Da bei einer Funktion das Überführen eines Eingabe-Elements in ein Ausgabe-Element für alle Start-Werte gilt, nennt man manchmal ergänzend eine Funktion   *total*   .

Für eine   *partielle*   Funktion muss das o. g. „$\forall$" nicht eingehalten werden. (Sogenannte „Definitions"-Lücken sind also erlaubt.)
Demnach ist natürlich jede (totale) Funktion ebenso eine — wenn auch spezielle — partielle Funktion[7]: f total $\Longrightarrow$ f partiell   .
Die Umkehrung gilt selbstredend nicht; d. h.:[8] f partiell $\not\Longrightarrow$ f total   .

---

[3]*F.*: siehe Folge-Abschnitt 1.2
[4]„!" dahinter (s. o.) bedeutet: „genau 1"
[5]siehe den folgenden Abschnitt 1.2 ab Seite 6
[6]⌣ — Im Jahr 2021 sah's noch verträglich aus.
[7]halt — total definiert — ohne Definitions-Lücken
[8]folgendes Zeichen „$\not\Longrightarrow$" bedeutet „folg(er)t nicht"

Ähnlich gilt: f partiell $\not\Longrightarrow$ $f \neg$ („nicht") total, wie in Fußnote 7 beleuchtet;
selbstverständlich (wenn auch hier unwichtig): $f \neg$ partiell $\Longrightarrow$ $f \neg$ total   .

Kommen wir nun zu den Element-Mengen D und C :

Die   *Definitions-Menge*   (engl.: *domain*, hier D)
stellt alle Möglichkeiten der Eingabe in die Funktion dar.
(Für jeden Eingabe-Fall muss der dazugehörige eindeutige Ausgabe-Wert definiert sein.)

Die (potentielle)   *Werte-Menge*   (engl.: *co-domain*, hier C)
bezeichnet die maximal zur Verfügung stehenden Werte für die Funktions-Ausgabe.
(Es muss nicht jeder potentielle Ziel-Wert durch die Funktion zum Tragen kommen.)

Die   *Bild-Menge*   (hier B; engl.: *image, range*)
repräsentiert schluss-endlich genau diejenigen Werte aus der C-domain, welche von
der jeweiligen Funktion wirklich produziert werden können. (Im Folge-Kapitel führen
wir für diesen einfachen mengen-theoretischen Zusammenhang, dass alle Elemente einer
Menge [hier B] komplett auch einer anderen Menge [hier C] angehören, das Schlagwort
„[unechte] Teil-Menge" ein, mit folgendem Zeichen: $B \subseteq C$.) Die *Bild-Menge* B muss
sowohl „korrekt" als auch „vollständig" sein[9]: alle gelisteten Werte kommen bei der
Funktions-Ausgabe in Frage, und es fehlt auch kein von der Funktion benötigter Wert.

Fokussieren wir ganz allgemein bei einer Funktion f nur auf eine Teil-Menge[10] S der
Definitions-Menge D, so nennt man dies eine   *Einschränkung* (engl.: *restriction*)   :

$$f_{|S}^{D \to C} : S_{[\subseteq D]} \to C$$.

Nach diesem begrifflichen Aufgalopp stellen wir jetzt einige konkrete Funktionen vor :

- *inclusion* $i : D \to C$,
  $\qquad i(x) \quad := \quad x$.

  In C müssen mindestens die Werte aus D zur Verfügung stehen, da alle D-
  Elemente zur Ausgabe gelangen (können); D ist in C „inkludiert".[11]

- *identity* $id : S \to S$,
  $\qquad id(x) \quad := \quad i(x)_{[C = D =: S]} \quad := \quad x$.

  Die *Identitäts*-Abbildung ist eine spezielle i-Funktion, bei der die Definitions-
  Menge identisch sowohl zur Werte- als auch zur Bild-Menge ist — im Ziel-Bereich
  also keine unnötige echte „Ober"-Menge (siehe Abschnitt 2.2) vorgehalten wird.

- *projection* $\pi_j : \overset{n}{\underset{i:=1}{\mathsf{X}}} D_i \to D_j$,
  $\qquad \pi_j(x_1, x_2, x_3, \ldots, x_n) \quad := \quad x_j \quad , \qquad 1 \leq j \leq n$.

---

[9]ein gängiges Begriffs-Paar in der Informatik
[10]engl.: *sub-set*
[11]C ist „Ober-Menge" von D ($C \supseteq D$), D ist „Teil-Menge" von C ($D \subseteq C$); vgl. Abschnitt 2.2, S. 15.

Die Projektion hat typischerweise eine mehr-gliedrige Eingabe-Struktur[12], z. B. ein Paar („zwei-stellig", *binär*), Tripel („drei-stellig"), Quadrupel („vier-stellig"), usw., bis hin zu einem beliebigen „n-Tupel". Nun sind wir beim „Kreuz-Produkt"-Zeichen („Cartesisches Produkt") für die Definitions-Menge D angelangt. Für jede der n Variablen steht eine (Start-)Menge D_i bereit, aus der das jeweilige x_i ($1 \leq i \leq n$) beliebig schöpfen darf; insgesamt liegt also ein n-gliedriger Input vor. Jetzt fehlt uns nur noch eine einzige Zusatz-Information zur Durchführung der Projektion: die Auswahl-Position j ($1 \leq j \leq n$), auf welche fokussiert wird; diese Nummer wird auch „Index" genannt. Die eigentliche Operation verläuft völlig schmerzfrei ⌣; es wird lediglich der Inhalt der Position j präsentiert: x_j .

- Auch die folgende „Injektion" überstehen wir ohne Narkose:
  injection („1-to-1"),   injektive $Funktion_{[D \to C]}$;
  $x_1 \neq x_2 \implies f_{\text{injektiv}}(x_1) \neq f_{\text{injektiv}}(x_2)$.

  Eine solche Funktion bildet also verschiedene Eingaben auf verschiedene Ausgaben eindeutig ab; daher gilt:[13] $|D| \leq_{f \, \text{injektiv}} |C|$.
  (Dass bei einer Injektion $|D| \not> |C|$, lehrt uns später das „Schubfach-Prinzip"[14].)

- Die andere Sichtweise bzgl. der Größen-Ordnung der Domain im Vergleich zur Co-domain liefert die „Surjektion" :
  surjection („onto"),   surjektive $Funktion_{[D \to C]}$;
  $\forall y \in C \; \exists x \in D : \quad f(x) = y$.

  Bei einer solchen Funktion wird die Werte-Menge komplett in Anspruch genommen — die Bild-Menge B entspricht der Co-domain C. Aufgrund der (generellen) Funktions-Eigenschaft gilt hier: $|D| \geq_{f \, \text{surjektiv}} |C|$, äquivalent zu $|D| \not< |C|$.

- Ist die Funktion sowohl injektiv als auch surjektiv, so haben wir eine „Bijektion":
  bijection („1-to-1" correspondence),   bijektive $Funktion_{[D \to C]}$.

  Dies führt zur Gleichheit der Größen-Ordnungen von Domain und Co-domain :
  $$|D| \quad =_{f \, \text{bijektiv}} \quad |C|$$
                    .

- Die „Inverse" f^{-1} (einer Funktion f) liefert den Ursprung eines Wertes :
  inverse,   inverse Funktion   .

  Da sowohl die zugrunde liegende Abbildung f als auch f^{-1} selbst jeweils eine totale Funktion ist, wissen wir Folgendes: Zum einen lassen sich nur injektive Funktionen umkehren (sonst liefert die Umkehrung keinen eindeutigen Wert); zum anderen muss auch die inverse Funktion total definiert sein, weshalb die Original-Funktion zusätzlich surjektiv sein muss. Damit haben wir die folgende allgemein-gültige Aussage: Ausschließlich Bijektionen lassen sich invertieren!

---

[12]bei nur 1 (=: n) Eingabe-Parameter nennt man sie „ein-stellig" (*unär*)
[13]das folgende Zeichen $|\cdots|$ um eine Menge S bedeutet im Endlichen die Anzahl der Elemente in S
[14]siehe Unter-Abschnitt 5.1.4 ab Seite 51

Gegeben ist also eine bijektive Funktion $f : X \to Y$; wir schreiben demnach :
$f^{-1} : Y \to X$, $\forall y \in Y$ $\exists! f^{-1}(y) =: x \in X$ mit $f(x) = y$.

Da f und f^{-1} Bijektionen sind, ist das jeweilige x natürlich einzigartig;[15] x hängt von y und f^{-1} ab: für jedes y gibt es ein anderes x, gemäß der bijektiven Funktion. ($|X| = |Y|$.) Man sagt auch: $f_{[X \to Y]}$ ist *invertierbar* : $\exists$ eine Inverse $f^{-1}_{[Y \to X]}$.

- Funktionen können ineinander geschachtelt sein; dies nennt man „Komposition" :
  composition, Hintereinander-Ausführung ;
  $h := g \circ f$, gesprochen: g „nach (Ausführung von)" f .

Mit der Angabe der Definitions- und Werte-Bereiche sieht das Ganze so aus :
$$f : X \to Y, \quad g : Y \to Z; \quad h := g \circ f : X \to Z$$.

Mit Eingabe-Argument ergibt sich dann diese Schachtelung :
$$h(x) := g(f(x)) \qquad \in Z$$.

Der Input x wandert in die f-Funktion, die dort erzeugte Ausgabe $f(x)$ dient als Eingabe in die g-Funktion, und der daraus entstehende Output ist das Ergebnis der Komposition. Im Allgemeinen gilt: $g(f(x)) \neq f(g(x))$; Illustration[16]:

$$D_f := C_f := D_g := C_g := \mathcal{N}; \qquad f(x) := x+1, \quad g(x) := 2^x ;$$
$$f(g(1)) := f(2^1) = f(2) := 2+1 \qquad = \qquad 3 ,$$
$$g(f(1)) := g(1+1) = g(2) := 2^2 = 4 \qquad \neq \qquad 3 .$$

- Es gibt selbstverständlich auch eine „inverse Komposition" :
  inverse composition ;
  $h^{-1} := (g \circ f)^{-1}$.

Bilden wir zunächst die Hintereinander-Ausführung h der Bijektionen g und f: $h := g \circ f$. Da an dieser Stelle g <u>nach</u> f ausgeführt wird und somit g als Letztes vor der Invertierung berechnet wird, gestaltet sich die Umkehrung der Bijektion h via Hintereinander-Ausführung der Einzel-Invertierungen in folgender Reihenfolge: erst g^{-1}, dann f^{-1}; also f^{-1} <u>nach</u> g^{-1} :
$$h^{-1} := (g \circ f)^{-1} = f^{-1} \circ g^{-1}$$.

Durch die Angabe der Definitions- und Werte-Bereiche wird's noch klarer :
$$f : X \to Y, \quad g : Y \to Z; \quad h := g \circ f : X \to Z ;$$
$$f^{-1} : Y \to X, \quad g^{-1} : Z \to Y; \quad h^{-1} := f^{-1} \circ g^{-1} : Z \to X .$$

Mit Eingabe-Argument ergibt sich demnach diese geschachtelte Schreibweise :
$$h^{-1}(z) := f^{-1}(g^{-1}(z)) \qquad \in X .$$

---

[15] folgende Notation wäre i. Allg. (für $|Y| > 1$) <u>falsch</u> gewesen: $\exists! x \in X$ $\forall y \in Y$: $f(x) = y$
[16] Dass für manche Eingabe-Einzelfälle (wie hier bspw. für $x := 0$) trotzdem „=" gilt, ist irrelevant.

Abschließend führen wir noch drei Rundungs-Funktionen ein, um aus einer positiven reellen Zahl eine *natürliche* geliefert zu bekommen:

- *floor*   : $\lfloor x \rfloor$:=   größte natürliche Zahl $\leq x$,
- *ceiling*   : $\lceil x \rceil$:=   kleinste natürliche Zahl $\geq x$;
- *round*   : $\lfloor x \rceil$:=   wähle($\lfloor x \rfloor, \lceil x \rceil$), wenn's egal ist   .

1.3   Relationen

Wir besprechen den Begriff der *Relation* einschließlich einiger Konkretisierungen — wobei wir die typische *Binär*-Relation (Beziehung zwischen 2 Parametern) favorisieren:

$$a \, R \, b$$

Hier steht die *Relation* R inmitten zweier Eingabe-Werte; daher spricht man von „Infix"-Notation; die folgende Schreibweise nennt man „Präfix"-Notation, da R davor steht   :

$$R(a,b)$$

Jede Komponente eines Paares entspringt ihrer eigenen Definitions-Menge[17]   :

$$a \in A \, , \quad b \in B \, ; \qquad (a,b) \in A \times B =: C$$

Dies beschreibt die Input-Struktur. Das „×"-Zeichen mimt die potentielle Möglichkeit, jedes Element aus den jeweiligen Einzel-Mengen (hier A bzw. B) beliebig auswählen zu können. Dies nennt man das „Kreuz-Produkt" (oder „*C*artesische Produkt")[18]. Erfüllt das Eingabe-Paar die R-Eigenschaft, so wird es in diese (R-)Menge der gültigen Paare aufgenommen; es gilt die Obermengen[19]-Beziehung: $C \supseteq R$. Im Endlichen ergibt sich:

$$|C| \; = \; |A| \cdot |B| \; \geq \; |R|$$

Beispiel[20]   :

$$A := \{0,1,2\}\, , B := \{\underline{1},3\}\, ; C := \{0,1,2\} \times \{\underline{1},3\}\, , R := \; <$$

$$0\,, 1 \in A\, , \underline{1} \in B\, ; \quad (0,\underline{1}), (1,\underline{1}) \in A \times B =: C$$

$$0 \quad < \quad \underline{1} : R \ni (0,\underline{1}); (1,\underline{1}) \notin R \quad [1 \not< \underline{1}]$$

$$|R| \; = \; |\{(0,\underline{1}), (0,3), (1,3), (2,3)\}| \; = \; 4 \; \leq \; 6 \; = \; |C|$$

Diese binäre Struktur lässt sich auf eine beliebige n-gliedrige Syntax verallgemeinern:[21]

$$C \quad := \quad \overset{n}{\underset{i:=1}{\text{X}}} S_i \quad := \quad S_1 \times S_2 \times S_3 \times \ldots \times S_n \quad :=$$

[17]Definitions- bzw. Werte-Mengen heißen nicht immer D bzw. C; B ist nicht immer die Bild-Menge.
[18]initial erwähnt in Abschnitt 1.2 auf Seite 6 als Definitions-Menge (von n-Tupeln) der Projektion
[19]in Abschnitt 2.2 (ab Seite 15) präzisiert
[20]das hier verwendete Zeichen „$\ni$" steht für „enthält"
[21]„|" einzeln in einer Menge heißt hier „sodass" / „wobei"

$$\{(e_1, e_2, e_3, \ldots, e_n) \mid e_i \in S_i \,,\; 1 \le i \le n\} \qquad\qquad ,$$

welches man wie folgt lesen kann: „Menge aller n-Tupel $(e_1, \ldots, e_n)$, wobei das einzelne e_i aus der jeweilig dazugehörigen Menge S_i stammt (dabei läuft i zwischen 1 und n)“.[22]

$$|C| \;=\; |S_1| \cdot |S_2| \cdot |S_3| \cdot \ldots \cdot |S_n| \;=:\; \prod_{i:=1}^{n} |S_i| \qquad .$$

Beispiel $(\text{„}\hat{=}\text{“} \;:=\; \text{„entspricht“}) \qquad :$

$$1 \le i \le n := 3 \,,\quad S_i := \mathcal{B} := \{0, 1\} \;\hat{=}\; \{false, true\} \qquad ;$$

$$|C| \;=\; \prod_{i:=1}^{3} |S_i| \;=\; |\mathcal{B}|^3 \;=\; 2^3 \;=\; 8 \qquad .$$

Beweis   :

$$|C| \;=$$

$$|\{(0,0,0),(0,0,1),(0,1,0),(0,1,1),(1,0,0),(1,0,1),(1,1,0),(1,1,1)\}|$$
$$=\; 8 \;=\; 2^3 \;=\; |\mathcal{B}|^3 \qquad .$$

Es gilt:

$$|\mathcal{B}^n| \;=\; |\mathcal{B}|^n \;=\; 2^n \qquad .$$

Der Beweis verläuft wie im 5. Beispiel in Unter-Abschnitt 4.1.1 (Seite 43).

Wir stellen nun einige allgemeine Typisierungen binärer $Relationen$ (engl.-sprachig) vor:

- reflexive $\qquad\qquad\qquad\qquad\qquad\qquad\qquad\qquad\qquad a \, R \, a$
  Beispiel: $R :=$ „so erfolgreich wie“

- irreflexive: $\qquad\qquad\qquad\qquad\qquad\qquad\qquad\qquad a \, \not R \, a$
  Bsp.: $R :=$ „stellt sich blöder an als“

- converse: $\qquad\qquad\qquad\qquad\qquad\qquad b \, R^{-1} \, a \;\Longleftrightarrow\; a \, R \, b$
  Bsp.: $R :=$ „ist die Hälfte von“; $R^{-1} =$ „ist das Doppelte von“

- complement $\qquad\qquad\qquad\qquad\qquad\qquad a \, \bar{R} \, b \;\Longleftrightarrow\; a \, \not R \, b$
  Bsp.: $R :=$ „=“; $\bar{R} =$ „$\neq$“

- composition $\qquad\qquad a \, (R_2 \circ R_1) \, c \;\Longleftrightarrow\; a \, R_1 \, b \;$ und[23] $\; b \, R_2 \, c$
  Bsp.: $R_1 :=$ „Doppelte“, $R_2 :=$ „Dreifache“; $R_2 \circ R_1 =$ „Sechsfache“

---

[22]Jedes Element hat seine genaue Auftritts-Position im Tupel; siehe auch noch vorherige Fußnote 18.
[23]beide Fälle müssen zugleich zutreffen

- symmetric
$$a\,R\,b \;\Longrightarrow\; b\,R\,a$$
Bsp.: $R :=$ „sitzt neben"

- asymmetric:
$$a\,R\,b \;\Longrightarrow\; b\,\not\!R\,a$$
Bsp.: $R :=$ „liegt unter"

- anti-symmetric:
$$a\,R\,b \;\text{und}\; b\,R\,a \;\Longrightarrow\; a = b$$
Bsp.: $R :=$ „$\geq$"

- transitive:
$$a\,R\,b \;\text{und}\; b\,R\,c \;\Longrightarrow\; a\,R\,c$$
Bsp.: $R :=$ „$>$"

- intransitive
$$a\,R\,b \;\text{und}\; b\,R\,c \;\Longrightarrow\; a\,\not\!R\,c$$
Bsp.: $R :=$ „steht in der Tabelle genau einen Platz über"

- union
$$a\,(R_1 \cup R_2)\,b \;\Longleftrightarrow\; a\,R_1\,b \;\text{oder}^{24}\; a\,R_2\,b$$
Bsp.: $R_1 :=$ „benachrichtigt", $R_2 :=$ „besucht"; $R_1 \cup R_2 =$ „kontaktiert"

- intersection
$$a\,(R_1 \cap R_2)\,b \;\Longleftrightarrow\; a\,R_1\,b \;\text{und}\; a\,R_2\,b$$
Bsp.: $R_1 :=$ „$\geq$", $R_2 :=$ „$\neq$"; $R_1 \cap R_2 =$ „$>$"

- difference
$$a\,(R_1 - R_2)\,b \;\Longleftrightarrow\; a\,R_1\,b \;\text{und}\; a\,\not\!R_2\,b$$
Bsp.: $R_1 :=$ „$\geq$", $R_2 :=$ „$\neq$"; $R_1 - R_2 =$ „$=$"

- symmetric difference: $a\,(R_1 \oplus R_2)\,b \;\Longleftrightarrow\; a\,R_1\,b \;\text{eXklusiv-OdeR}^{25}\; a\,R_2\,b$
Bsp.: $R_1 :=$ „$\geq$", $R_2 :=$ „$\neq$"; $R_1 \oplus R_2 =$ „$\leq$"

- pre-order (Vor-Ordnung) :
sowohl reflexive als auch transitive *Relation*
Bsp.: $R :=$ „$\geq$"

- equivalence relation
symmetrische Vor-Ordnung
Bsp.: $R :=$ „gleichbedeutend mit"

- partial order/ing $\leq^{26}$ (auf einer Menge S):
anti-symmetrische Vor-Ordnung
Bsp.: $R_{[\leq]} :=$ „$\supseteq$"^{27}.

Auf dieser Begriffs-Basis setzen wir nun folgende Konzepte auf   :

- partially ordered set, po$Set(S, \leq)$:   Menge S mit *Partial-Ordnung* $\leq$
Bsp.: $S :=$ Menge aller Teilmengen von $\mathcal{B}$:^{28} $\{\{\,\}, \{0\}, \{1\}, \{0,1\}\}$; $R_{[\leq]} :=$ „$\supseteq$"

- comparable: 2 Elemente $a, b \in$ poSet sind *vergleichbar* $\;\Longleftrightarrow\; a \leq b$ oder $b \leq a$
Bsp.: $S := \{\{\,\}, \{0\}, \{1\}, \mathcal{B}\} =: 2^{\mathcal{B}}$, $R_{[\leq]} :=$ „$\supseteq$" (s. o.), $a := \{0\}$, $b := \mathcal{B}$; $b \leq a$

- incomparable: $a, b \in S$ sind *unvergleichbar* $\;\Longleftrightarrow\; a$ und b sind nicht vergleichbar
Bsp.: S, $R_{[\leq]}$ und a definiert wie vorhin, $b := \{1\}$; $a \not\leq b$ und $b \not\leq a$

---

[24] einschließlich beide Fälle zugleich
[25] genau einer der zwei Fälle, nicht beide zugleich (jedoch auch nicht keiner)
[26] nur als Symbol für o. g. *Partial-Ordnung* zu verstehen – nicht als üblicher Operator „kleiner-gleich"
[27] Ober-Menge: in Abschnitt 2.2 (ab Seite 15) präzisiert
[28] $\mathcal{B}$ findet sich im Bsp. auf S. 9; „$\{\,\}$" und die *Menge aller Teilmengen*: siehe Folge-Kapitel, ab S. 13

- $\underline{\text{totally}}^{29}$ $\underline{\text{o}}$rdered $\underline{\text{set}}$, to$S$: poSet mit ausschließlich vergleichbaren Element-Paaren
  Bsp.: $R_{[\leq]} := \text{„}\supseteq\text{“}$ (wie eben), $S := \{\{\,\}, \{0\}, \mathcal{B}\}$; $\forall a, b \in S: a \leq b$ oder $b \leq a$

- chain („Kette"): $Teil$-Menge einer to$S$
  Bsp.: S wie soeben definiert; $T := \{\{0\}, \mathcal{B}\} \subseteq^{30} S$

- well-ordered set S :   po$Set(S, \leq)$, $\forall T_{[\neq \{\,\}]} \subseteq S$ $\exists$ minimales Element^{31} m
  Bsp.: $S := \{1, 2\}$, $R_{[\leq]} := \text{„}\geq\text{“}$. $T_1 := \{1\}$, $m_1 = 1$; $T_2 := \{2\}$, $T_3 := S$: $m_{2/3} = 2$

- $upper$ $bound$ (für $T_{[\subseteq S]}$) b_u : $\forall c \in T$: $c \leq b_u$ $[\in \text{po}Set(S, \leq)]$
  Bsp.: $S := 2^{\mathcal{B}}$ (s. o.), $R_{[\leq]} := \text{„}\subseteq\text{“}$, $T := \{\{\,\}, \{0\}\}$; $b_u := \mathcal{B}$: $\{\,\}, \{0\} \leq b_u$

- $least$ $upper$ $bound$ $lub(T_S)_{[\in S]}$: $\forall b_u$: upper bound $lub(T_S) \leq b_u$ $[\in \text{po}Set(S, \leq)]$
  Bsp.: S, $R_{[\leq]}$, T wie soeben definiert; $lub(T_S) = \{0\}$: $\{\,\}, \{0\} \leq lub(T_S) \leq \forall b_u$

- $lower$ $bound$ (für $T_{[\subseteq S]}$) b_l : $\forall c \in T$: b_l $[\in \text{po}Set(S, \leq)] \leq c$
  Bsp.: S und $R_{[\leq]}$ wie gerade definiert, $T := \{\{0\}, \mathcal{B}\}$; $b_l := \{\,\}$: $b_l \leq \{0\}, \mathcal{B}$

- $greatest$ $lower$ $bound$ $glb(T_S)_{[\in S]}$: $\forall b_l$: b_l $[\in \text{po}Set(S, \leq)] \leq$ lower bound $glb(T_S)$
  Bsp.: S, $R_{[\leq]}$, T wie frisch definiert; $glb(T_S) = \{0\}$: $\forall b_l \leq glb(T_S) \leq \{0\}, \mathcal{B}$

- $lattice$ (Verband) L :   po$Set(L, \leq)$, $\forall (x, y) \in L^2$: $\exists lub(\{x, y\})$, $\exists glb(\{x, y\})$
  Bsp.: $R_{[\leq]} := \text{„}\subseteq\text{“}$; $V := \{1, \ldots, n\}$, $L := 2^V :=$ Menge aller Teilmengen von V.
  $$lub(\{S_1, S_2\}) = S_1 \cup S_2, \ glb(\{S_1, S_2\}) = S_1 \cap S_2.^{32}$$

In Abbildung 1.1 sehen wir den Teilmengen-Verband für $n := 4$. Jeder Strich dort repräsentiert eine Relation zwischen zwei Mengen: von einer Ebene zur nächst höheren echte Teil-, von einer Ebene zur nächst niedrigeren echte Ober-Menge; weitere echte Teil-/Ober-Mengen-Beziehungen ergeben sich via Transitivität, welche jeder Vor-Ordnung (siehe Seite 10) innewohnt. Diese „transitive Hülle" einer Relation bzgl. einer Menge M erhält man konstruktiv, indem man im Bild einfach von M aus die Ebenen entlang der Striche in gleichbleibender Richtung auf allen Wegen durchläuft. Die vorhin genannten lub und glb lassen sich ebenfalls im Bild konstruieren. Ausgehend von den beiden gegebenen Mengen S_1 und S_2 geht man zur ersten „gemeinsamen" Menge: zur Bildung des lub nach oben zur kleinsten Menge, welche alle Elemente aus den beiden Eingangs-Mengen umfasst, zur Bildung des glb nach unten zur größten Menge, deren Elemente in beiden Eingangs-Mengen enthalten sind — wie in den folgenden drei Beispielen illustriert:

---

^{29}bzw. „linearly": alle Elemente lassen sich „auf einer Linie" anordnen und miteinander vergleichen
^{30}Teil-Menge: in Abschnitt 2.2 (ab Seite 15) präzisiert
^{31}Es (evtl. nicht einzigartig) gibt kein „kleineres" in Bezug auf die jeweils vorliegende „$\leq$"-Relation, im Sinne „erstes" Element; hab' bewusst die abstrakte R-Platzhalter-Notation „$\leq$" auf „$\geq$" definiert, um die Feinheit dass „$\leq$" nur als Stellvertreter-Symbol steht, in einem Aufwasch mitzudemonstrieren.
^{32}„$\cup$" (Mengen-„Vereinigung") und „$\cap$" (-„Schnitt") werden in Abschnitt 2.2 (ab Seite 16) präzisiert.

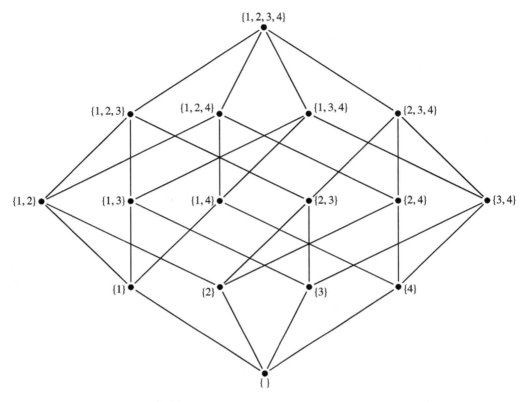

Abb. 1.1: *Teilmengen-Verband einer 4-elementigen Menge mit allen 2^4 unechten Teil-Mengen*

1. $S_1 := \{1\}$, $S_2 := \{3,4\}$; $lub(\{S_1, S_2\}) = \{1,3,4\}$, $glb(\{S_1, S_2\}) = \{\,\}$:
   lub: von $\{1\}$ kann man über $\{1,3\}$ oder $\{1,4\}$ nach $\{1,3,4\}$ gelangen,
   von $\{3,4\}$ in einem Schritt direkt nach $\{1,3,4\}$, aber nicht eher;
   glb: von $\{1\}$ kommt man in einem Schritt direkt zur $\{\,\}$,
   von $\{3,4\}$ über $\{3\}$ oder $\{4\}$ zur $\{\,\}$, nicht eher.

2. $S_1 := \{1,2\}$, $S_2 := \{2,3\}$; $lub(\{S_1, S_2\}) = \{1,2,3\}$, $glb(\{S_1, S_2\}) = \{2\}$:
   lub: von $\{1,2\}$ kommt man in einem Schritt direkt nach $\{1,2,3\}$,
   von $\{2,3\}$ ebenfalls, eben nicht eher;
   glb: von $\{1,2\}$ geht's in einem Schritt zu $\{2\}$, von $\{2,3\}$ ebenfalls, nicht eher.

3. $S_1 := \{1\}$, $S_2 := \{1,2\}$; $lub(\{S_1, S_2\}) =_{[S_2 \supseteq S_1]} S_2$, $glb(\{S_1, S_2\}) =_{[S_1 \subseteq S_2]} S_1$:
   lub: von $\{1\}$ geht's in einem Schritt zu $\{1,2\}$, in $\{1,2\}$ ist man bereits dort;
   glb: in $\{1\}$ ist man schon da, von $\{1,2\}$ geht's in einem Schritt nach $\{1\}$.

   In diesem letzten Beispiel sieht man sehr schön den Rückgriff auch auf die
   andere Eigenschaft der Vor-Ordnung (neben der Transitivität, siehe Seite 10),
   nämlich die Reflexivität: eine Menge ist sich selbst Ober- bzw. Teil-Menge.

Mag's etwas abstrakt dahergekommen sein — aber so ist der Tisch ordentlich gedeckt.

2 Mengen-Lehre

Hier legen wir die Basis einer vernünftigen Mengen-Lehre, führen die für uns wichtigsten Begriffe ein und listen die gängisten Gesetzmäßigkeiten auf. Sodann definieren wir die Größen-Ordnung einer Menge und beleuchten Gemeinsamkeiten von und Unterschiede zwischen endlichen und unendlichen Mengen. Die am Ende des Kapitels diskutierte Unendlichkeit bereitet die *Unberechenbarkeit* in der Theoretischen Informatik vor. Letztlich schrecken wir auch nicht vor der *Verallgemeinerten Kontinuums-Hypothese* zurück.

2.1 Grundlagen

Eine *Standard-Menge S* ist eine Ansammlung einzigartiger Elemente, ohne Kopien. Manchmal jedoch braucht man die Funktionalität des Mehrfach-Vorhandenseins von Elementen; eine solche Struktur nennt man im Englischen *multi-set* (Kopien erlaubt).[1] Dann interessiert man sich auch für die Anzahl des Auftretens der jeweiligen Elemente: diese bezeichnet man als die entsprechende *Multiplizität*[2]. Die spezielle Menge mit genau einem Element nennt man englisch-sprachig *singleton*.

Wir führen nun eine Bezeichnung für die „Mächtigkeit" einer Menge S ein — deren Kardinal-Zahl, knackiger *Kardinalität* genannt: $|S|$. Sie bezeichnet im Endlichen die Anzahl („#") der Elemente und im Unendlichen deren sogenannte Größen-Ordnung. Die kleinste Menge, die leere Menge $\{ \ \} =: \emptyset$, hat selbstverständlich die kleinste Kardinalität:

$$|\emptyset| \quad = \quad 0 \qquad\qquad\qquad .$$

Eine Menge heißt *abzählbar unendlich*, wenn es eine Bijektion mit $\mathcal{N}$ gibt. (Am Ende dieses Abschnittes sehen wir, dass dies nur die erste Stufe der Unendlichkeit darstellt.) Eine Menge S_c ist *abzählbar*[3], wenn es nicht darüber hinaus geht $(\,|S_c| \leq |\mathcal{N}|\,)$:

- $\quad 0 \quad \leq \quad |S_c| \quad \leq \quad i_{[\in \mathcal{N}]} \quad < \quad |\mathcal{N}| \quad : \qquad S_c$ endlich $\qquad\qquad ;$
- $\quad 0 \quad \leq \quad i_{[\in \mathcal{N}]} \quad < \quad |S_c| \quad = \quad |\mathcal{N}| \quad : \qquad S_c$ unendlich $\qquad\qquad .$

Kommen wir nun zu etwas ganz Fundamentalem im Bereich Mengen und Funktionen:

$$|A| \quad = \quad |B| \qquad \Longleftrightarrow \qquad \exists\,\texttt{Bijektion}\ f : A \to B \qquad\qquad .$$

Im Endlichen ist es klar: Wenn die Anzahl der Elemente in den Mengen verschieden ist, hat nicht jedes Element aus der größeren Menge eine/n exklusive/n Partner/in in der

---

[1]Im Unter-Abschnitt 5.4.1 (ab Seite 75) wird jedes Objekt, ungeachtet seiner „Identität", gezählt.
[2]in einer nicht-leeren Standard-Menge für jedes Element immer 1
[3]englisch: countable

https://doi.org/10.1515/9783110695557-003

kleineren;[4] es gibt keine Bijektion. Hat aber jede Menge die gleiche Elemente-Anzahl, so käme auf jedes Element ein Partner[5]-Element; es gibt eine Bijektion, mindestens[6] 1.

Im Unendlichen geht's wilder zu: Hier schafft man in bestimmten Konstellationen eine Bijektion, selbst wenn eine Menge auf den ersten naiven Blick weniger Elemente zu haben scheint als die andere, wie dies ja bei einer echten (hier unendlich großen) Teil-menge[7] (ihrer Obermenge[8]) zunächst aussieht — Beispiel:
Sei $E_{[\subset \mathcal{N}]} :=$ Menge der *geraden*[9] natürlichen Zahlen; dann gilt folgender Sachverhalt:

$$|E| \quad = \quad |\mathcal{N}| \qquad\qquad\qquad .$$

Die bijektive *F*unktion f könnte so aussehen: $\qquad\qquad f : E \to \mathcal{N} \qquad\qquad :$

$$f(0) \quad := \quad 0$$
$$f(2) \quad := \quad 1$$
$$f(4) \quad := \quad 2$$
$$\vdots$$
$$f(e) \quad := \quad e/2 \qquad\qquad\qquad .$$

Gehen wir auf die beiden Merkmale *Injektivität* und *Surjektivität* ein: Verschiedene gerade Zahlen bekommen unterschiedliche natürliche Zahlen injektiv zugeordnet. Es wird kein n vergessen; jede natürliche Zahl wird von einer geraden Zahl als Funktions-Wert surjektiv erreicht. Wir sehen: beide Mengen (echte Teil- und Ober-Menge) sind gleich-„mächtig"[10] — sie haben die gleiche Größen-Ordnung.[11]

Dass der Vergleich der jeweiligen Kardinalität zweier unendlich großer Mengen auch ganz anders ausgehen kann, zeigt folgender Passus:

Eine ganz wichtige Menge ist die *Menge aller Teilmengen*[12] einer (Grund-)Menge S — „power set"[13] $\mathcal{P}(S) := \{s \mid s \subseteq S\}$ — in manchen Werken mit 2^S bezeichnet, u. a. aus folgendem Grund: Gegeben $|S|$; dann gilt für endliche Mengen folgende Behauptung[14]:

$$|\mathcal{P}(S)| \quad = \quad |2^S| \quad = \quad 2^{|S|} \qquad\qquad [> \quad 0] \qquad .$$

Folgende weiterführende Tatsache, welche sowohl für endliche als auch für unendliche Mengen gilt, hat fundamentale Bedeutung für unser Ende ($\smile$ des Kapitels) $\qquad\qquad :$

$$|\mathcal{P}(S)| \quad > \quad |S| \qquad\qquad\qquad [\geq \quad 0] \qquad .$$

---

[4]Das ist wie im richtigen Leben, was für solche Fälle dann sogenannte „work-arounds" $\smile$ bereithält.
[5]der/die Leser/in möge natürlich die gewünschte Form des Geschlechts für sich personalisieren $\smile$
[6]dass Abwechslung $\smile$ geboten werden könnte, wird im Kapitel 5 auf den Seiten 74 und 87 gezeigt
[7]Teilmengen werden im Folge-Abschnitt 2.2 präzisiert; Symbole: $\subset$ für „echte", $\subseteq$ für „unechte" T.
[8]welche stets alle Elemente ihrer Teilmenge enthält — wird im Folge-Abschnitt 2.2 sauber eingeführt
[9]englisch: *even*
[10]ähnlich ließe sich zeigen, dass auch die Kardinalität der Menge der Brüche der von $\mathcal{N}$ entspricht
[11]Im Unendlichen spricht man deshalb (wegen „$\subset$" bzw. „$\supset$") nicht von „Anzahl" (von Elementen).
[12]siehe obige Fußnote 7, mit der Ausprägung „unechte ($\subseteq$) Teil-Menge"
[13]*P*otenz-Menge
[14]siehe Unter-Abschnitte 4.1.1 (Seite 43, „5.", Abschluss) und 5.4.2 (S. 81, spez. Binomial-Theorem)

Im Endlichen ist dies leicht einzusehen: Jedes vorhandene Element aus S lässt sich jeweils in ein „singleton" in $\mathcal{P}(S)$ stecken, dazu kommt mindestens noch die leere Menge (die kein Element enthält), welche immer Teilmenge jeder beliebigen Menge S (auch sich selbst gegenüber) und damit ein weiteres Element von $\mathcal{P}(S)$ ist.

Im Unendlichen bedeutet die „>"-Aussage, dass es eine[15] „höhere" Unendlichkeit geben muss als die der Menge $(S :=)$ $\mathcal{N}$ der $\mathcal{N}$atürlichen Zahlen. Genau hier liegt die Quelle der *Unberechenbarkeit* in der Theoretischen Informatik — die leichter zu verstehen ist, wenn man, wie im laufenden Kapitel, frühzeitig die Basis legt. Im Gegensatz zu nur abzählbar unendlich großen Mengen (wie $\mathcal{N}$ und die eben definierte Menge E), welche bijektiv aufeinander abbildbar sind, ist die angedeutete — unendlich große — „*power set*" $\mathcal{P}(\mathcal{N})$ ein Beispiel für eine sogenannte „über-abzählbare" Menge: Die nur abzählbar unendlich vielen *n*atürlichen Zahlen reichen nicht aus, um jedem Element aus der Menge aller Teilmengen von $\mathcal{N}$ ein Element aus $\mathcal{N}$ bijektiv zuzuordnen; diese beiden Mengen sind unterschiedlich mächtig, haben also verschiedene Größen-Ordnungen. Dazu später mehr im Abschnitt 2.5 (auf Seite 27).

2.2   Begriffe

Wir beginnen sinnigerweise mit dem bereits angesprochenen Konzept der *Teilmenge* :

$$A \subseteq B \quad : \quad \forall x \in A \implies x \in B \qquad\qquad .$$

Für deren Kardinalitäten gilt ganz offensichtlich: $|A| \ \leq \ |B|$.
Da A und B identisch sein können, sprechen wir auch von   *unechter*   Teil-Menge.

Wenn dieser Spezial-Fall ausgeschlossen ist, nennt man die Mengen-Inklusion   *echt* :

$$A \subset B \quad : \quad A \subseteq B \ \text{ und } \ A \neq B \iff A \subseteq B \ \text{ und } \ \exists x \in B, \notin A.$$

Im Endlichen hat die echte Teilmenge weniger Elemente als die „übergeordnete" Menge: $|A| < |B|$. Im Unendlichen kann sie gleich-mächtig sein — siehe Abschnitt 2.1, Seite 14.

Die gegenläufige Beziehung heißt   *Obermenge*   :

$$A \supseteq B \quad : \quad \forall x \in B \implies x \in A \qquad\qquad .$$

Für deren Kardinalitäten gilt ganz offensichtlich: $|A| \ \geq \ |B|$.
Da A und B identisch sein können, sprechen wir auch von   *unechter*   Ober-Menge.

Wenn dieser Spezial-Fall ausgeschlossen ist, handelt es sich um eine *echte* Obermenge:

$$A \supset B \quad : \quad A \supseteq B \ \text{ und } \ A \neq B \iff A \supseteq B \ \text{ und } \ \exists x \in A, \notin B.$$

Im Endlichen hat die echte Ober-Menge natürlich mehr Elemente als die echte Teil-Menge: $|A| > |B|$. Im Unendlichen kann sie gleich-mächtig sein, wie vorhin geschildert.

---

[15]es gibt gar unendlich viele (Unendlichkeiten) — wie am Schluss dieses Kapitels illustriert

Kommen wir nun zur *Mengen-Gleichheit* :

$$A = B \quad \Longleftrightarrow \quad A \subseteq B \text{ und } A \supseteq B \quad \Longleftrightarrow \quad A \subseteq B \text{ und } B \subseteq A \ .$$

Demnach gilt $\forall x$: $x \in A$ genau $\underline{d}$ann $\underline{w}$enn („gdw")[16] $x \in B$.

Als Nächstes beschreiben wir den *Mengen-Schnitt* (die *Schnitt-Menge*) :

$$A \cap B \ := \ \{x \mid x \in A \text{ und } x \in B\}$$.

Ähnlich charakterisieren wir die *Mengen-Vereinigung* (*Vereinigungs-Menge*) :

$$A \cup B \ := \ \{x \mid x \in A \text{ oder } x \in B\}$$.

Für deren Kardinalität im Endlichen gilt :

$$|A \cup B| \ = \ |A| + |B| - |A \cap B|$$.

Die Differenz korrigiert das Zählen der Elemente im Schnitt, da diese sonst zweimal gezählt würden. (Das o. g. „oder" schließt den Fall der Doppel-Zugehörigkeit mit ein.) Sind A und B schnitt-frei und haben damit kein gemeinsames Element, so ergibt sich für diesen Spezial-Fall

$$A \cap B = \emptyset \ : \quad |A \cup B| \ = \ |A| + |B|$$.

Holen wir etwas weiter aus und betrachten das „Universum" aller Möglichkeiten. Ist eine Menge A ($\subseteq U$) gegeben, so interessieren wir uns jetzt für alle Elemente aus U „ohne" („\") A, welche also in A nicht vorkommen; man nennt diese Menge das *Komplement*[17]:

$$\bar{A} \ := \ U \setminus A \ := \ \{x \in U_{[\supseteq A]} \mid x \notin A\} \ =: \ A^c$$.

(Wir kommen gleich noch offiziell auf die Operation „\" zurück.)

Da sich A und A^c gegenseitig zu U ergänzen ($A \cup A^c = U$) und definitionsgemäß keine gemeinsamen Elemente haben, ergibt sich im Endlichen bzgl. deren Kardinalitäten :

$$|A| + |A^c| \ = \ |U| \quad \Longleftrightarrow \quad |A^c| \ = \ |U| - |A|$$.

Nun zum benutzten „\", dem Zeichen für die *Mengen-Differenz* (*Differenz-Menge*) :

$$A \setminus B \ := \ \{x \in A \mid x \notin B\} \ = \ A \cap B^c$$.

Für deren Kardinalität im Endlichen gilt :

$$|A \setminus B| \ = \ |A| - |A \cap B|$$.

---

[16]englisch: $\underline{if}$ and only $\underline{if}$ („$\underline{iff}$") [„if": $x \in A \Leftarrow x \in B$; „only if": $x \notin A \Leftarrow x \notin B : x \in A \Rightarrow x \in B$]
[17](von A) englisch: complement

Ist wie vorhin beim Universum die Menge vor dem „\" eine Ober-Menge der hinteren, so ergibt sich im Spezial-Fall

$$A \supseteq B \quad : \qquad |A \setminus B_{[\subseteq A]}| \quad =_{[U := A_{(\supseteq B)}]} \quad |A| - |B| \qquad [= |B^c|] \qquad ,$$

auch weil B identisch ist mit dem Mengen-Schnitt mit A.

Ein ganz interessantes Konzept ist die *Symmetrische Differenz* :

$$A \oplus B \quad := \quad (A \cup B) \setminus (A \cap B) \qquad .$$

Es sind diejenigen Elemente dabei, welche nur in einer der beiden Grund-Mengen sind, jedoch nicht in beiden zugleich, also nicht im Schnitt.

Da beim Zählen der Anzahl der Elemente in der Vereinigung die Schnitt-Elemente bereits 1 × subtrahiert wurden (damit sie nicht doppelt berücksichtigt werden), wird der Schnitt ein zweites Mal herausgenommen, damit er überhaupt nicht mehr auftaucht. Für die Kardinalität im Endlichen gilt folglich :

$$|A \oplus B| \quad = \quad |A| + |B| - 2 \cdot |A \cap B| \qquad .$$

Fokussieren wir nun auf verschiedene schnitt-freie Mengen; diese nennt man *disjunkt* :

$$\nexists x \in A \cap B_{[\neq A]} \ [= \emptyset] \qquad .$$

Eine sogenannte *Mengen-Familie* ist eine systematische Aufsammlung von Mengen, die in gewissem Zusammenhang zueinander gesehen werden können. Lässt sich nun eine Grund-Menge S vollständig als Mengen-Familie P_S von p nicht-leeren Teil-Mengen A_i darstellen, welche alle gegenseitig disjunkt sind, also in beliebigen Schnitt-Paar-Kombinationen keine gemeinsamen Elemente haben, aber vereinigt die Grund-Menge S bilden, so liegt eine *p-gliedrige Partition* vor, siehe Abbildung 2.1:

$$P_S \quad := \quad \{A_1, A_2, A_3, \ldots, A_p\} \quad , \qquad\qquad p \ := \ |P_S| \qquad ;$$

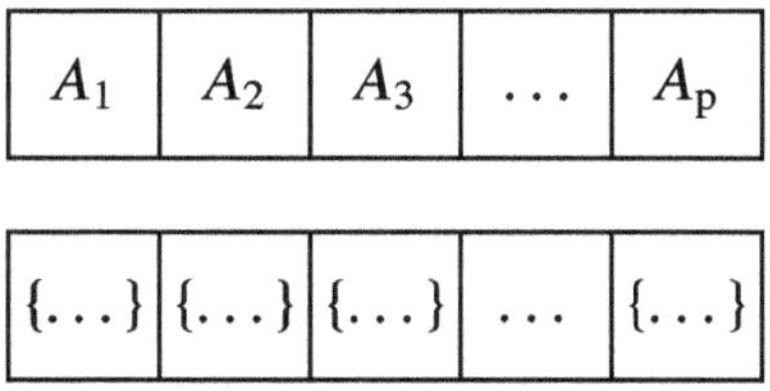

Abb. 2.1: *p-gliedrige Partition*

$$\forall_{[1 \leq]} i \neq j_{[\leq p]} : \quad A_i \cap A_j \ = \ \emptyset \quad , \qquad\qquad \bigcup_{i := 1}^{p} A_i \ = \ S \qquad .$$

Da keine Schnitt-Elemente zu betrachten sind, gilt für die Kardinalität im Endlichen :

$$|S| \quad = \quad |\bigcup_{i := 1}^{p} A_i| \quad = \quad \sum_{i := 1}^{p} |A_i| \qquad .$$

2.3   Gesetzmäßigkeiten

Wir lernen nun die 10 bekanntesten Gesetze endlicher Mengen englisch-sprachig kennen.

- complement[18]: $A \cap A^c = \emptyset$; $A \cup A^c = U$
- double complement: $(A^c)^c = A$
- commutativity: $A \cap B = B \cap A$; $A \cup B = B \cup A$
- associativity: $(A \cap B) \cap C = A \cap (B \cap C) ; (A \cup B) \cup C = A \cup (B \cup C)$
- dominance: $\emptyset \cap A = \emptyset$; $U \cup A = U$
- identity: $U \cap A = A$; $\emptyset \cup A = A$
- idempotence: $A \cap A = A$; $A \cup A = A$
- absorption: $A \cap (A \cup B) = A$; $A \cup (A \cap B) = A$

---

[18]„completion": (o. g.) A^c ergänzt A zu U

- distributivity: $A \cap (B \cup C) = (A \cap B) \cup (A \cap C)$; $A \cup (B \cap C) = (A \cup B) \cap (A \cup C)$

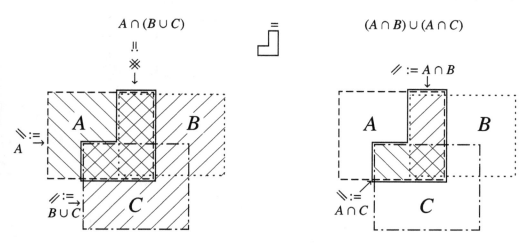

Abb. 2.2: *Mengen-Schnitt mit Vereinigungs-Menge*

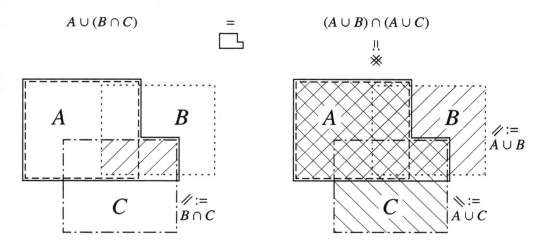

Abb. 2.3: *Mengen-Vereinigung mit Schnitt-Menge*

Abbildung 2.2 zeigt wie sich der Mengen-Schnitt mit einer Vereinigungs-Menge verhält, während Abbildung 2.3 es umgekehrt hält.

- *De Morgan* $\qquad (\bigcap_{i:=1}^{n} S_i)^c = \bigcup_{i:=1}^{n} (S_i^c) \quad ; \quad (\bigcup_{i:=1}^{n} S_i)^c = \bigcap_{i:=1}^{n} (S_i^c)$.

Abbildung 2.4 illustriert die Äquivalenz des Schnitt-Komplements mit der Vereinigung der Einzel-Komplemente und Abbildung 2.5 umgekehrt diejenige zwischen Vereinigungs-Komplement und Schnitt über die Einzel-Komplemente.

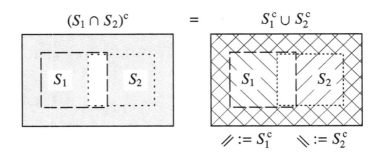

Abb. 2.4: *Schnitt-Komplement*

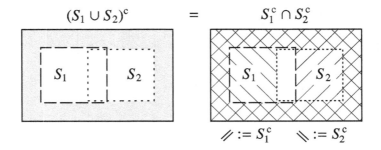

Abb. 2.5: *Vereinigungs-Komplement*

2.4 Kardinalität Endlicher Mengen

Wir beleuchten die hilfreiche Methode des Zählens von Elementen über eine *Partition*.

- $U := A\,[\supset B_{\neq\{\,\}}]$, $P_U := \{A\backslash B\,,\,B\}$

  Bild 2.6 zeigt die Zählung der Elemente einer solchen Differenz-Menge.

  $$|A|\;=\;|A\backslash B| + |B| \qquad \Longleftrightarrow \qquad |A\backslash B|\;=\;|A| - |B|$$

- $U := A \cup B$, $P_U := \{A\,,\,B\,\backslash\,(A \cap B)\}$

  Bild 2.7 zeigt die Zählung für die Vereinigung unterschiedlicher Mengen.

  $$|A \cup B|\;=\;|A| + |B\,\backslash\,(A \cap B)|\;=_{[B\,\supset\,A\cap B]}$$
  $$|A| + |B| - |A \cap B|$$

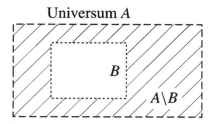

Abb. 2.6: *Differenzmengen-Kardinalität zwischen echter Ober- zu echter Teil-Menge*

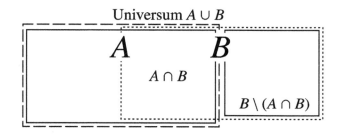

Abb. 2.7: *Vereinigung mit Differenz-Menge*

- $U := A \cup B$, $P_U := \{A \oplus B, A \cap B\}$

  Bild 2.8 will auf diverse Arten die Kardinalität für's XOR zeigen. ⌣

  $$
  \begin{aligned}
  |A \cup B| &= |A \oplus B| + |A \cap B| \quad \Longleftrightarrow \\
  |A \oplus B| &= |A \cup B| - |A \cap B| \\
  &= |A| + |B| - |A \cap B| - |A \cap B| \\
  &= |A| + |B| - 2 \cdot |A \cap B| \\
  &= (|A| - |A \cap B|) + (|B| - |B \cap A|) \\
  &= |A \setminus B| + |B \setminus A|
  \end{aligned}
  $$

- $U := A \cup B$, $A \subset B$ oder $A \supset B$; $\quad |U| = \max.\{|A|, |B|\}$:

  a) $A \subset B =: U$, $P_U := \{B \setminus A, A\}$

  $|U| = |B \setminus A| + |A| =_{[B \supset A]} |B| - |A| + |A| = |B| = \max.\{|A|, |B|\}$

  b) $B \subset A =: U$, $P_U := \{A \setminus B, B\}$

  $|U| = |A \setminus B| + |B| =_{[A \supset B]} |A| - |B| + |B| = |A| = \max.\{|A|, |B|\}$

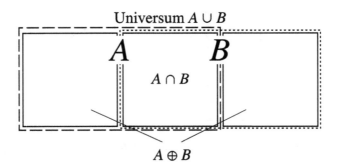

Abb. 2.8: $|XOR|$

- $U := A_1 \cup A_2 \cup A_3$, $P_U := \{//, \backslash\backslash, \|, =, \bullet\bullet, \square\square, \triangle\triangle\}$

$$= \{A_1 \setminus (A_2 \cup A_3), A_2 \setminus (A_1 \cup A_3), A_3 \setminus (A_1 \cup A_2),$$
$$(A_1 \cap A_2) \setminus A_3, (A_1 \cap A_3) \setminus A_2, (A_2 \cap A_3) \setminus A_1, A_1 \cap A_2 \cap A_3\}$$

Bild 2.9 bereitet die Formel für die Kardinalität der Vereinigung dreier Mengen vor.

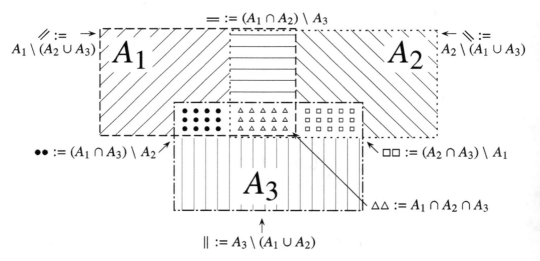

Abb. 2.9: *Mehrfach-Vereinigung*

$$|A_1 \cup A_2 \cup A_3| =$$

$$|A_1| - |A_1 \cap (A_2 \cup A_3)| \; + \; |A_2| - |A_2 \cap (A_1 \cup A_3)| \; + \; |A_3| - |A_3 \cap (A_1 \cup A_2)| \; +$$

$$|A_1 \cap A_2| - |(A_1 \cap A_2) \cap A_3| + |A_1 \cap A_3| - |(A_1 \cap A_3) \cap A_2| + |A_2 \cap A_3| - |(A_2 \cap A_3) \cap A_1| + |A_1 \cap A_2 \cap A_3|$$

$$
\begin{aligned}
= \; & |A_1| - |(A_1 \cap A_2) \cup (A_1 \cap A_3)| \; + \\
& |A_2| - |(A_2 \cap A_1) \cup (A_2 \cap A_3)| \; + \\
& |A_3| - |(A_3 \cap A_1) \cup (A_3 \cap A_2)| \; + \\
& |A_1 \cap A_2| - |A_1 \cap A_2 \cap A_3| \; + \\
& |A_1 \cap A_3| - |A_1 \cap A_2 \cap A_3| \; + \\
& |A_2 \cap A_3| - |A_1 \cap A_2 \cap A_3| \; + \\
& |A_1 \cap A_2 \cap A_3| \\[4pt]
= \; & |A_1| - (|A_1 \cap A_2| + |A_1 \cap A_3| - |A_1 \cap A_2 \cap A_3|) \; + \\
& |A_2| - (|A_1 \cap A_2| + |A_2 \cap A_3| - |A_1 \cap A_2 \cap A_3|) \; + \\
& |A_3| - (|A_1 \cap A_3| + |A_2 \cap A_3| - |A_1 \cap A_2 \cap A_3|) \; + \\
& |A_1 \cap A_2| + |A_1 \cap A_3| + |A_2 \cap A_3| \; + \\
& |A_1 \cap A_2 \cap A_3| - 3 \cdot |A_1 \cap A_2 \cap A_3| \\[4pt]
= \; & |A_1| + |A_2| + |A_3| \\
& - 2 \cdot (|A_1 \cap A_2| + |A_1 \cap A_3| + |A_2 \cap A_3|) \\
& + 1 \cdot (|A_1 \cap A_2| + |A_1 \cap A_3| + |A_2 \cap A_3|) \\
& + 3 \cdot |A_1 \cap A_2 \cap A_3| \\
& - 3 \cdot |A_1 \cap A_2 \cap A_3| \\
& + |A_1 \cap A_2 \cap A_3| \\[4pt]
= \; & |A_1| + |A_2| + |A_3| \\
& - (|A_1 \cap A_2| + |A_1 \cap A_3| + |A_2 \cap A_3|) \\
& + |A_1 \cap A_2 \cap A_3|
\end{aligned}
$$

.

Welch ein Wahnsinn! Unsere ganze Hoffnung liegt jetzt in der nicht
nur optischen Regelmäßigkeit des Ergebnisses: Man startet bei den
Kardinalitäten der Einzel-Mengen, subtrahiert die Kardinalitäten der
Paar-Schnitte[a] und addiert abschließend die Kardinalität des Schnitts
dreier Mengen. Dieses „Ein-/Ausschluss"-Prinzip — also anfangs die
Elemente aller Mengen aufzunehmen, danach manche wegzunehmen,
dann wieder welche „einzuschließen" usw.[b] — lässt sich sogar verallgemeinern zur Berechnung der Anzahl der Elemente in der Vereinigung beliebig vieler Mengen[c]; es ist Gegenstand des Abschnitts 5.2,
der eine derartige Zähl-Formel in ihrer allgemeinsten Form präsentiert. Damit sind wir in der Lage, ohne mühsame Zwischen-Rechnung
gleich nach dem hier geschilderten Prinzip strukturiert vorzugehen.

[a]bei der $\cup$ nur zweier Mengen wird die Schnittmenge auch einmal abgezogen
[b]ab vier Mengen würde man dann alle „4er"-Schnitte „ausschließen" ...
[c]ob disjunkt oder nicht — wie man oben schön sieht

- $U := A_1 \cup A_2 \cup A_3 \,,\; P_U := \{A_1 \backslash A_2\,,\; A_2 \backslash A_1\,,\; A_1 \cap A_2\,,\; A_3 \backslash (A_1 \cup A_2)\}$

Fertigen Sie zuerst eine Skizze [19] und visualisieren sich diese Partition!

$$
\begin{aligned}
|A_1 \cup A_2 \cup A_3| &= |A_1 \backslash A_2| + |A_2 \backslash A_1| + |A_1 \cap A_2| + |A_3 \backslash (A_1 \cup A_2)| \\
&= |A_1| - |A_1 \cap A_2| + \\
&\quad\; |A_2| - |A_2 \cap A_1| + \\
&\quad\; |A_1 \cap A_2| + \\
&\quad\; |A_3| - |A_3 \cap (A_1 \cup A_2)| \\
&= |A_1| + |A_2| + |A_3| \\
&\quad\; - |A_1 \cap A_2| \\
&\quad\; - |(A_3 \cap A_1) \cup (A_3 \cap A_2)| \\
&= |A_1| + |A_2| + |A_3| \\
&\quad\; - |A_1 \cap A_2| \\
&\quad\; - (|A_1 \cap A_3| + |A_2 \cap A_3| - |A_1 \cap A_2 \cap A_3|) \\
&= |A_1| + |A_2| + |A_3| \\
&\quad\; - |A_1 \cap A_2| - |A_1 \cap A_3| - |A_2 \cap A_3| \\
&\quad\; + |A_1 \cap A_2 \cap A_3|
\end{aligned}
$$

.

[19]bitte nicht in's Buch hinein $\smile$ — obwohl, bei 'nem eigenen Unikat ... hätt' doch auch etwas ...

2.5   Über-/Abzählbarkeit Unendlicher Mengen

Wir kommen nun mit diesem Abschnitt zum Höhepunkt der ersten Hälfte dieses Buches. Lassen wir ihn gleich mit etwas beginnen, was es im Endlichen nicht gibt: jede unendliche Menge (engl.: *set*) hat eine (unendlich große) echte *T*eil-Menge gleicher Kardinalität :

$$S \text{ unendlich} \quad \Longleftrightarrow \quad \exists\, T \subset S \text{ mit } |T| = |S| \qquad .$$

Schauen wir uns noch an, wieweit wir kommen bei der umgekehrten Blickrichtung: die o. g. unendlich große (*T*eil-)Menge T hat eine echte Ober-Menge S identischer Kardinalität — klingt irgendwie nach Ende der Fahnenstange, was die Größen-Ordnung unendlicher Mengen angeht. Aber es geht weiter; es gibt ein Leben „danach" ⌣   :

Wir konstruieren die unendlich vielen diskreten Zahlen mengen-theoretisch und stellen dabei jeder Zahl jeweils eine „gleichwertige" Menge gegenüber — womit wir bei den *Ordinal*-Zahlen   („Ordinalen")   angelangt wären:

$$0 \quad := \quad \emptyset \;\; [= \{\,\}\,]\,;\; 0.\; \textbf{(endliche) Ordinal–Zahl} \quad =:\;\; \omega_0 \;\hat{=}\; |\{\,\}|$$

$$\alpha+1 \quad =:\quad \alpha^+ \;\; [\hat{=}\; s(\alpha) := \texttt{Nachfolger}(\alpha)] \quad := \quad \alpha\cup\{\alpha\}\,;\, \alpha \text{ Ordinal}$$

$$1 \quad = \quad 0+1 \quad := \quad \emptyset \cup \{\emptyset\} \quad = \quad \{\emptyset\} \quad = \quad \{0\} \qquad \hat{=}\; |\{0\}|$$

$$2 \quad = \quad 1+1 \quad := \quad \{\emptyset\} \cup \{\{\emptyset\}\} \quad = \quad \{\emptyset, \{\emptyset\}\} \quad = \quad \{0,1\} \;\hat{=}\; |\{0,1\}|$$

$$3 \quad = \quad 2+1 \quad := \quad \{\emptyset, \{\emptyset\}, \{\emptyset, \{\emptyset\}\}\} \quad = \quad \{0,1,2\} \qquad \hat{=}\; |\{0,1,2\}|$$

$$\vdots$$

$$\omega \quad = \quad \{0,1,2,\ldots\} \;=:\; \mathcal{N}\,;\; 1.\; \underline{\textbf{unendl.}}\; \textbf{Ordinal–Z.} \;=:\; \omega_1 \quad [\hat{=}\; |\mathcal{N}|]\,;$$

allgemein : α $\hat{=}$ $|\alpha|$.

Wir sehen: $\alpha_1 \;<\; \alpha_2 \quad \Longleftrightarrow \quad \alpha_1 \in \alpha_2 \quad \overset{\text{hier}}{\Longleftrightarrow} \quad \alpha_1 \subset \alpha_2$.

[Ist dies ein Ausstieg aus dem Mengen-Paradoxon von Bertrand Arthur William Russell? Schließlich ließe sich die soeben aufgestellte Äquivalenz zur Not wie folgt zurechtbiegen:

$$\alpha \not< \alpha \quad \Longleftrightarrow \quad \alpha \notin \alpha \qquad \qquad \smile \qquad \qquad .]$$

Wir gelangen jetzt zur *Grenz-Ordinalzahl* (englisch: *limit ordinal* — *lol* ⌣); sie hat keinen direkten Vorgänger   :

$$\beta \;\; lol \quad \Longleftrightarrow \quad \nexists\, \alpha \text{ mit } \beta = s(\alpha) \qquad .$$

Wir kennen schon zwei: ω_0 und ω_1, einmal die einzige endliche sowie die $\underline{\text{erste}}$ $\underline{\text{un}}$endliche (Grenz-Ordinalzahl). Wir setzen nun munter eins drauf — eben immer weiter:

$$\omega_1 + 1 \quad := \quad \omega_1 \cup \{\omega_1\} \quad = \quad \{\omega_1, \{\omega_1\}\}$$

$$\vdots$$

$$\omega_1 + k \quad = \quad \{0, 1, 2, 3, \ldots, \omega_1, \omega_1 + 1, \ldots, \omega_1 + k - 1\}$$

$$\omega_2 \quad = \quad \omega_1 \cup \{\omega_1 + n \mid n \in \omega\} \qquad \text{2. unendliche } lol$$

$$\vdots$$

$$\omega_i \quad = \quad \omega_{i-1} \cup \{\omega_{i-1} + n \mid n \in \omega\} \qquad i. \text{ unendliche } lol$$

$$\vdots$$

(Das wird echt gebraucht, bspw. als Basis für die *Transfinite Induktion*, einem Beweis[20]-Mechanismus zur Fixpunkt-Semantik in PROLOG, einer vor allem in Europa und Japan geschätzten Programmier-Sprache im Bereich *Intellektik / Künstliche Intelligenz*.)

Wir erzielen so nahezu spielerisch unendlich viele Unendlichkeits-Stufen. Dies schaffen wir ebenso durch die fortwährende Konstruktion der jeweiligen Menge aller (bisherigen) Teilmengen über der Grund-Menge $\mathcal{N}$ — wie wir nachher auf Seite 27 sehen werden. Ist die Kardinalität einer *M*enge M größer als $|\mathcal{N}|$, so nennt man M im Hinblick auf ihre Größen-Ordnung *über-abzählbar*.

Die Addition zweier Ordinale, bei der mindestens eine Zahl unendlich groß ist, ist nicht kommutativ: Beim Ritt durch die Unendlichkeit kommt es also bei einem geplanten Pferde-Wechsel auf die Reihenfolge des Zureitens der Schlacht-Rösser an. ⌣ Beispiel :

$$1 + \omega : \quad 1 < \omega \quad \Longrightarrow \quad 1 \subset \omega \quad \Longrightarrow \quad 1 \cup \omega \ = \ \omega \quad ;$$

$$\omega + 1 : \quad 1 < \omega < \omega + 1 \quad := \quad \omega \cup \{\omega\} \ = \ \{\omega, \{\omega\}\} \ \neq \ \omega \quad .$$

Somit gilt: $\quad 1 + \omega \qquad \neq \qquad \omega + 1$.

Schon beim Versuch einer Bijektion zwischen der Menge der Brüche und der Menge der natürlichen Zahlen müssen wir beim Durchlaufen der in beiden Dimensionen (Zeilen und Spalten)[21] unendlich großen Matrix höllisch aufpassen: Blieben wir z. B. stur in einer der unendlich langen Zeilen, kämen wir nie zu allen Brüchen; wir müssen sie in geschickter Weise diagonal traversieren, was hier nicht Gegenstand der Diskussion sein möge, und erhalten dadurch tatsächlich eine Bijektion, welche die Möglichkeit der Gleich-Mächtigkeit einer Obermenge zu ihrer unendlich großen echten Teilmenge zeigt.[22]

Entwickeln wir die bedeutsame Bemerkung hinsichtlich verschiedener Mächtigkeiten zweier ganz spezieller unendlich großer Mengen nun „im Großen"; wie in Abschnitt 2.1 (ab Seite 14) geschildert: Jede noch so beliebig große Menge ist von geringerer Größen-Ordnung als ihre $\mathcal{P}$otenz-Menge   :

$$S_1 \quad := \quad \omega_1$$

$$\omega_1 \quad \hat{=} \quad |S_1| \quad < \quad |\mathcal{P}(S_1)|$$

$$S_2 \quad := \quad \mathcal{P}(S_1)$$

---

[20] via Fall-Unterscheidung bzgl. Nachfolger- und Grenz-Ordinalzahl
[21] für die jeweilige Bildung der Zähler und Nenner
[22] wie auf Seite 14 in Fußnote 10 bereits erwähnt

$$\omega_2 \; \hat{=} \; |S_2| \; < \; |\mathcal{P}(S_2)|$$

$$S_3 \; := \; \mathcal{P}(S_2)$$

$$\omega_3 \; \hat{=} \; |S_3| \; < \; |\mathcal{P}(S_3)|$$

$$\vdots$$

$$S_i \; := \; \mathcal{P}(S_{i-1}) \qquad [:= \{s \mid s \subseteq S_{i-1}\}] \qquad , \; i > 1$$

$$\omega_i \; \hat{=} \; |S_i| \; < \; |\mathcal{P}(S_i)| \qquad\qquad\qquad\qquad , \; i \geq 0$$

$$\vdots$$

Die $\mathcal{P}$otenz-Menge bezeichnet bekanntlich die Menge aller Teilmengen. Wird sie, wie hier, über eine unendlich große Grundmenge S_{i-1} konstruiert, schlägt ihre ganze Kraft durch; für $i > 1$ sattelt $\mathcal{P}(S_{i-1})$, im Vergleich zu S_{i-1}, genau eine höhere Unendlichkeits-Stufe — womit wir eine weitere Art der Konstruktion der ω_i $[\hat{=} |\mathcal{P}(\omega_{i-1})|]$ vorliegen haben. Wir gehen aus von der sogenannten *Verallgemeinerten Kontinuums-Hypothese*[23]:

$$\omega_{i-1} \quad <_{[i>0]} \quad \omega_{i-1} \cup \{\omega_{i-1}+n \mid n \in \omega\} \; = \; \omega_i \; \hat{=}_{[i>1]} \; |\mathcal{P}(\omega_{i-1})|;$$

anders ausgedrückt:

$$\omega_{i+1} \; \hat{=}_{[i \geq 1]} \; |\mathcal{P}^i(\mathcal{N})|,$$

der Kardinalität der i-fachen Ausführung der $\mathcal{P}$otenzmengen-Konstruktion ausgehend von der „kleinsten" unendlichen Menge $\mathcal{N}$ (welche die erste Unendlichkeits-Stufe bildet).

Die zu Kapitel-Anfang (Abschnitt 2.1, S. 15) angerissene Bedeutung der Existenz verschiedener Größen-Ordnungen für die Theoretische Informatik[24] lässt sich nun wie folgt beleuchten: Sei Σ^* die unendliche Menge aller möglichen „Wörter" (Zeichenketten) über einem (nicht-leeren endlichen) Alphabet Σ, dann bedeutet $\mathcal{P}(\Sigma^*)$ die noch größere Menge aller möglichen Teilmengen, „Sprachen" genannt. Setzt man „Wörter" mit „Algorithmen" und „Sprachen" mit „Problemen" gleich, so gibt es mehr Problem-Stellungen als Lösungs-Verfahren. Es existieren also Probleme, welche durch keinen Algorithmus berechnet/gelöst werden können; mathematisch ausgedrückt: Eine Surjektion aus der Menge der Algorithmen in die Menge der Sprachen ist unmöglich[25], da die zu wenigen Algorithmen, aufgrund der Definition einer Funktion, gar nicht alle (über-abzählbar vielen) Sprachen abdecken können.[26] Zunächst kann man jedem Element aus Σ^* (also einem Wort, einem Algorithmus) ein Element aus der Menge der $\mathcal{N}$atürlichen Zahlen bijektiv zuordnen. $\mathcal{P}(\mathcal{N})$ entspricht somit $\mathcal{P}(\Sigma^*)$, der Menge der Probleme, die — wie dargestellt — eine höhere Kardinalität hat als die Menge der Algorithmen. Damit haben wir nun eine solide Basis für die *Unberechenbarkeit* $\smile$ in der Theoretischen Informatik.

---

[23]engl.: *Generalized Continuum Hypothesis*; die „einfache" Cantor-*CH*: $|\mathcal{N}| < |\mathcal{R}| \hat{=} \omega_2 \hat{=} |\mathcal{P}(\mathcal{N})|$

[24]in den Bereichen *Sprach-* und *Berechenbarkeits-Theorie* („Unentscheidbarkeit")

[25]$\Longrightarrow$ $\nexists$ Bijektion $\Sigma^* \to \mathcal{P}(\Sigma^*)$ $\Longleftrightarrow$ $|\Sigma^*| \neq_{[<]} |\mathcal{P}(\Sigma^*)|$

[26]In meiner Theorie-Vorlesung *Formale Grundlagen* biete ich noch weitere Betrachtungsweisen an.

3 *Boole*sche Algebra

In diesem Kapitel führen wir zunächst mit einigen Grund-Begriffen in die Aussagen-Logik ein. Via Werte-Tafeln definieren wir sodann die Bildung zusammengesetzter Aussagen, auch Schalt-Logik genannt. Abschließend beleuchten wir noch einige Gesetzmäßigkeiten („Äquivalenzen").

3.1 Begriffe

Sei $\mathcal{B} := \{0, 1\}$ die $\mathcal{B}$oolesche Menge mit den zwei Werten 0 und 1, welche als die beiden „Wahrheits"-Werte *false* („f") bzw. *true* („t") interpretiert werden. Diese *boole*schen Konstanten werden als „Atome" bezeichnet, als „atomare" Formeln oder besser „atomistische"[1]. Eine aussagen-logische Variable stellt ein sogenanntes (0-stelliges) „Prädikat" (ohne Eingabe-Parameter) dar, welches mit f oder t belegt werden kann. Unter Einsatz von „Konnektoren" werden schließlich zusammengesetzte Ausdrücke („wohl-geformte Formeln") gebildet, im Folgenden beispielsweise mit den *boole*schen Variablen p, q, r.

3.2 Werte-Tafeln

Wir stellen logische Operatoren vor und legen die große Zahl möglicher Belegungen dar.

3.2.1 Grund-Muster

- NOT   Negation $\neg$ (Bild 3.1)

p	$\neg p$
0	1
1	0

Abb. 3.1: *NOT*

- AND   Konjunktion $\wedge$ (Bild 3.2)

    Der Konnektor $\wedge$ steht hier inmitten zweier *boole*scher Variablen, weshalb man auch von Infix-Notation spricht. Vor allem bei längeren gleichförmigen Ausdrücken

---

[1]im Englischen (auch nicht „atomal" sondern) „atomistic"

https://doi.org/10.1515/9783110695557-004

p	**q**	**p∧q**
0	0	0
0	1	0
1	0	0
1	1	1

Abb. 3.2: *AND*

bietet sich jedoch die Präfix-Schreibweise an, bei der man das Verbindungs-Zeichen
vor die Variablen platziert   :

$$p \wedge q \quad =: \quad \wedge(p,q) \qquad\qquad\qquad ;$$

$$p_1 \wedge p_2 \wedge p_3 \wedge \ldots \wedge p_n \quad = \quad \wedge(p_1, p_2, p_3, \ldots, p_n) \quad =: \quad \bigwedge_{i:=1}^{n} p_i \quad .$$

- NAND   (¬ AND)   Sheffer-Strich | (Bild 3.3)

p	**q**	**¬(p∧q)**
0	0	1
0	1	1
1	0	1
1	1	0

Abb. 3.3: *NAND*

- OR   (Inklusiv-ODER)   Disjunktion   ∨   (Bild 3.4)

p	**q**	**p∨q**
0	0	0
0	1	1
1	0	1
1	1	1

Abb. 3.4: *OR*

$$p \vee q \quad =: \quad \vee(p,q) \qquad\qquad\qquad ;$$

$$p_1 \vee p_2 \vee p_3 \vee \ldots \vee p_n \quad = \quad \vee(p_1, p_2, p_3, \ldots, p_n) \quad =: \quad \bigvee_{i:=1}^{n} p_i \quad .$$

- NOR   (¬ OR)   Peirce-Pfeil   ↓   (Bild 3.5)

p	q	¬(p∨q)
0	0	1
0	1	0
1	0	0
1	1	0

Abb. 3.5: *NOR*

- XOR   Exklusiv-ODER   ⊕   (Bild 3.6)

p	q	p⊕q
0	0	0
0	1	1
1	0	1
1	1	0

Abb. 3.6: *XOR*

- implication   Konditional   →   (Bild 3.7)

p	q	p→q
0	0	1
0	1	1
1	0	0
1	1	1

Abb. 3.7: *Implikation*

Hierzu existieren viele Sprechweisen; die gängigsten scheinen diese zu sein   :

- p impliziert q
- wenn p dann q
- q wann immer p
- q folgt aus p
- q wenn p
- p nur wenn q
- q notwendig für p
- p hinreichend für q

Der Teil vor dem Pfeil heißt im Englischen „antecedent", der hintere „consequent".
Desweiteren gibt es interessante logische Entsprechungen, welche beweis-technisch
von Bedeutung sind; zudem lernen wir die dazugehörigen Fach-Ausdrücke kennen:

$$p \; \rightarrow \; q \quad \Longleftrightarrow \quad \neg p \; \vee \; q \quad \Longleftrightarrow \quad \neg q \; \rightarrow \; \neg p \; .$$

Die letzte Form nennt man „contrapositive" und ist nicht identisch mit dieser :

$$q \; \rightarrow \; p \quad \Longleftrightarrow \quad \neg p \; \rightarrow \; \neg q \qquad .$$

In Bezug auf „$p \rightarrow q$" heißt der erste Ausdruck „converse" und der letzte „inverse".

- equivalence   Bi-Konditional $\leftrightarrow$ (Bild 3.8)

p	q	$p \leftrightarrow q$
0	0	1
0	1	0
1	0	0
1	1	1

Abb. 3.8: *Äquivalenz*

Auch hier gibt es mehrere Sprech-Varianten   :

  - p und q äquivalent
  - p und q implizieren einander
  - p <u>g</u>enau <u>d</u>ann <u>w</u>enn („gdw.") q
  - p hinreichend und notwendig für q .

$$p \; \leftrightarrow \; q \quad \Longleftrightarrow \quad (p \rightarrow q) \; \wedge \; (q \rightarrow p) \qquad .$$

Abschließend:

- *KNF*
  Die *K*onjunktive *N*ormal-*F*orm ist eine aussagen-logische Konjunktion bestehend
  aus Disjunktionen von „Literalen" (negativen/positiven *boole*schen Variablen).

- *k-SAT*
  Bei *k-SAT*ISFIABILITY treten in jeder einzelnen Disjunktion maximal k Literale
  in einer KNF auf, letztere nun betrachtet als aussagen-logisches Erfüllbarkeits-
  Problem. Dabei geht es um die Frage, ob die gegebene Formel so mit Wahrheits-
  Werten belegt werden kann, dass sie zu „*true*" evaluiert (bzw. sicher sagen zu
  können, dass dies mit keiner der exponentiell vielen Belegungs-Varianten geht).[2]
  Fokussiert man auf $k \in \{2,3\}$, so ergeben sich zwei prominente Spezial-Fälle;
  zwischen diesen beiden verläuft ein sogenannter „Phasen-Übergang", bezogen auf
  den Schwierigkeits-Grad der Problem-Lösung: 2- und 3-*SAT* gehören (wohl) unter-
  schiedlichen Berechnungs-Komplexitätsklassen der Theoretischen Informatik an.[3]

---

[2]Eine Lösung hierzu ist, zumindest prinzipiell, immer „berechenbar", da der Suchraum endlich ist.
[3]Der erste Fall ist linear, der zweite scheint exponentieller Natur (siehe folg. Unter-Abschnitt 3.2.2).

3.2.2   Belegungs-Möglichkeiten

Gegeben sind n verschiedene *boole*sche Variablen; dann gilt folgender Sachverhalt   :

1. # verschiedener Codierungen: 2^n [Binär-Darstellungen der Zahlen 0 bis $2^n - 1$] ;

2. # verschiedener Funktionen: $2^{(2^n)}$ [Codierungs-# im Exponenten]   .

p	*q*	*r*	f_b
0	0	0	0, 1
0	0	1	0, 1
0	1	0	0, 1
0	1	1	0, 1
1	0	0	0, 1
1	0	1	0, 1
1	1	0	0, 1
1	1	1	0, 1

Abb. 3.9: *# Codierungen + Gedanken-Schema # Boole-Funktionen*

Abbildung 3.9 erlaubt einen ersten Einblick in beide Formeln. Die Beweise finden sich im Unter-Abschnitt 4.1.1 ab Seite 43 als vorgerechnete Beispiele („5." und „6.") zur Induktion mit natürlichen Zahlen.

3.3   Gesetzmäßigkeiten

Im Folgenden lernen wir die bekanntesten *Boole*schen Gesetze englisch-sprachig kennen.

- contradiction: $p \wedge \neg p \iff false$

- tautology: $p \vee \neg p \iff true$

- double negation: $\neg\neg p \iff p$

- commutativity: $p \wedge q \iff q \wedge p$; $p \vee q \iff q \vee p$

- associativity: $(p \wedge q) \wedge r \iff p \wedge (q \wedge r)$; $(p \vee q) \vee r \iff p \vee (q \vee r)$

- distributivity: $p \wedge (q \vee r) \iff (p \wedge q) \vee (p \wedge r)$; $p \vee (q \wedge r) \iff (p \vee q) \wedge (p \vee r)$

- dominance: $false \wedge p \iff false$; $true \vee p \iff true$

- identity: $true \wedge p \iff p$; $false \vee p \iff p$

- idempotence[4]: $p \wedge p \iff p$; $p \vee p \iff p$

- absorption $p \wedge (p \vee q) \iff p$; $p \vee (p \wedge q) \iff p$

---

[4]Mindestens die deutsche Übersetzung braucht hier, gerade anfangs, jedes Buchstaben-Pärchen ⌣

- *De Morgan* $\quad \neg\left(\bigwedge_{i:=1}^{n} p_i\right) \iff \bigvee_{i:=1}^{n}(\neg p_i) \quad ; \quad \neg\left(\bigvee_{i:=1}^{n} p_i\right) \iff \bigwedge_{i:=1}^{n}(\neg p_i)$

- exportation $\qquad\qquad p \rightarrow (q \rightarrow r) \qquad \iff \qquad (p \wedge q) \rightarrow r \qquad .$

Die ersten elf Gesetze leuchten schnell ein; die letzte Äquivalenz lässt sich einfach zeigen:

$$p \rightarrow (q \rightarrow r) \quad \iff \quad p \rightarrow (\neg q \vee r) \quad \iff$$

$$\neg p \vee \neg q \vee r \; _{[=:\, \texttt{linke Seite}]} \iff _{[\texttt{rechte Seite} :=]} \quad \neg(p \wedge q) \vee r \quad \iff$$

$$(p \wedge q) \rightarrow r \qquad\qquad\qquad .$$

Wir erkennen die Mengen-Gesetze aus Abschnitt 2.3 wieder;[5] sie finden in der *Boole*-schen Algebra ihre sichtbare Entsprechung — eine Art „Dualität". Umgekehrt kann man auch in der „exportation"-Regel eine Mengen-Aussage sehen; nach Bildung des „*U*niversums" lauten o. g. „linke" und „rechte Seite" in der Mengen-Variante wie folgt:

$$U \quad := \quad P \cup Q \cup R \; ; \quad P^C \cup Q^C \cup R \stackrel{\texttt{De Morgan}}{\iff} (P \cap Q)^C \cup R \quad .$$

Es gibt weitere Analogien zwischen Mengen-Lehre und *Boole*scher Algebra. So ist zum Beispiel die Anzahl der Elemente in der Potenz-Menge einer n-elementigen Grund-Menge identisch mit der Anzahl Zeilen in einer Werte-Tafel mit n *boole*schen Variablen; schließlich stellt eine „1" das Vorhandensein eines Elements, eine „0" das Gegenteil dar. Die leere Menge ist demnach durch die Codierung „$(0, \ldots, 0)$" repräsentiert, die Grund-Menge selbst via „$(1, \ldots, 1)$"; entsprechende Darstellungen ergeben sich für die Misch-Belegungen. Daraufhin halten sowohl die Potenz-Menge als auch die Werte-Tafel jeweils 2^n verschiedene Einträge bereit.

---

[5] Die beiden dort ab Seite 18 im „complement" zusammengefassten Aussagen haben hier 2 gesonderte Bezeichnungen („contradiction" und „tautology").

4 Beweis-Prinzipien

Dieses Kapitel stellt die drei gängigsten Methoden der mathematischen Beweisführung vor. Wir beginnen mit der grundlegenden Technik der *Induktion*, fahren fort mit dem *Direkten Beweis* und schließen mit dem *Indirekten Beweis*. (Die auch für die Informatik wichtige *Diagonalisierung* hebe ich für die Vorlesung *Formale Grundlagen* auf; sie findet sich im hinten gelisteten Informatik-Werk ⌣.)

4.1 Induktion

Das *induktive* Prinzip besprechen wir zum einen auf natürlichen Zahlen sowohl hinsichtlich einer Original-Eingabe n als auch bzgl. eines Logarithmus-Wertes (Ebenen-Nummer/Such-Tiefe im Entscheidungs-Baum mit einheitlichem Verzweigungs-Grad) — und zum anderen auf Zeichen-Ketten („Wörtern"), um typische Behauptungen der Informatik-Sprachtheorie beweisen zu können.[1] (Die für die Informatik interessante *Strukturelle Induktion* halte ich ebenfalls für o. g. Vorlesungs-Äquivalent *Theoretische Informatik* zurück, auch um das Ganze hier nicht zu überfrachten — und vor allem damit's nicht zu „abgefahren" ⌣ daherkommt.)

4.1.1 Natürliche Zahlen

Das Induktions-Prinzip folgt immer dem gleichen Schema: Zunächst zeigt man die Gültigkeit auf einer sehr elementaren *Basis*[2] (n_0), nimmt die zu beweisende Behauptung für einen allgemeinen Fall (z. B. $n-1$) als gültige *Hypothese* an und zeigt dann in einem konstruktiven realen *Schritt* (z. B. von $n-1$ nach n), dass sich diese Hypothese hierdurch auf die nächst größere Struktur (z. B. n) erweitern lässt — welche exakt der Behauptung entspricht.[3] (Notationell wird die Ersetzung der Vorgänger-Struktur durch die Hypothesen-Formel im jeweiligen Schritt durch „!" signalisiert.) Somit zeigt man, dass die Struktur der zu beweisenden Aussage durch das konstruktive Problemlösungs-Prinzip von der Lösungs-Formel für unendlich viele Fälle abgedeckt wird.[4] Folgende Beispiele illustrieren diese traditionelle Beweis-Technik:

---

[1]Verschiedene Wörter werden zunächst der Länge nach betrachtet/geordnet. Das „leere" Wort ε hat die Länge 0, ein Wort bestehend aus nur einem Zeichen (eines gegebenen Alphabets) hat die Länge 1, ein Wort bestehend aus zwei Zeichen die Länge 2, usw. Wörter gleicher Länge werden lexikografisch (in der Regel aufsteigend) sortiert. So kann man jeder beliebigen Zeichen-Kette eine eindeutige natürliche Zahl zuordnen — weshalb man doch wieder in der bekannten Menge $\mathcal{N}$ landet, und alles ist wie gehabt.

[2]optimalerweise kleinstmögliche Zahl (meist 0 oder 1, selten 2 oder 3, manchmal 4 oder 5)

[3]Formaler: Sei $A(n)$ die *Aussage*, die es für beliebiges n zu beweisen gilt; hierzu zeigt man zunächst $A(n_0)$ und konstruiert dann, basierend auf $A(n-1)$, mit einem problem-abhängigen Folge-Schritt $A(n)$.

[4]Die Sinnhaftigkeit dieses Vorgehens liegt im letzten Peano-Axiom begründet (siehe vorne ab S. 3).

https://doi.org/10.1515/9783110695557-005

1. Anzahl Kanten im „vollständigen Graphen"

   Ein (allgemeiner) Graph besteht aus einer Menge V („vertices") von n Knoten („nodes") und einer Menge E („edges") von Kanten. In der hier vorgestellten Spezial-Ausprägung führt von jedem Knoten genau eine Kante zu jedem anderen Knoten; Richtungen gibt es dabei keine — nur ungerichtete Verbindungen.

   Sei $n := |V|$, $e_n := |E|$; dann gilt folgende
   Behauptung   :

   $$e_n \;=\; \frac{n \cdot (n-1)}{2} \qquad .$$

   Beweis: Induktion über n :

   (a) Basis: $n_0 := 1$
       $\underline{P}$rinzip: $e_{1_P} \;=\; 0$ ($\not\exists$ Kante bei nur 1 Knoten)   ;
       $\underline{F}$ormel: $e_{1_F} \;=\; 1 \cdot (1-1)/2 \;=\; 0 \;=\; e_{1_P}$.
       Das Prinzip aus der realen Welt wird also von der Formel abgedeckt .

   (b) Hypothese:

   $$e_{n-1} \;=\; \frac{(n-1)\cdot((n-1)-1)}{2} \quad \left[= \frac{(n-1)\cdot(n-2)}{2} \right] \quad .$$

   (c) Schritt: $(n_0 \leq)\ n-1 \ \rightarrow \ n\ (> n_0)$
       Idee: Die Kanten des nächst kleineren vollständigen Graphen werden weiterhin gebraucht, und der Knoten mit der Nummer n wird zu allen vorhandenen $n-1$ Knoten via jeweils einer weiteren Kante angebunden   :

   $$e_{n_P} \;=\; e_{n-1} + (n-1)$$
   $$\overset{!}{=}\; \frac{(n-1)\cdot(n-2)}{2} + \frac{2\cdot(n-1)}{2}$$
   $$=\; \frac{(n-2+2)\cdot(n-1)}{2}$$
   $$=\; \frac{n\cdot(n-1)}{2} \;=\; e_{n_F} \qquad .$$

   Der Beweis der Behauptung ergibt sich demnach durch das Aufsetzen eines konstruktiven Schrittes auf die Hypothese und somit durch das prinzipielle Überführen eines Welt-Ausschnitts in eine Formel.

2. Anzahl Knoten im „Entscheidungs-Baum"

   Gegeben ist ein Baum mit Verzweigungs-Faktor[5] b und Entwicklungs-Stufe[6] l (hier die Anzahl beteiligter Variablen reflektierend). Im Bild 4.1 sehen wir einen, wie in der Informatik üblich, nach unten hängenden Binär-Baum ($b := 2$) mit 3

---

[5](Entscheidungs-Grad) engl.: *branching factor*
[6]engl.: *level*

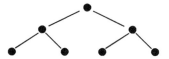

Abb. 4.1: *Entscheidungs-Baum*

Ebenen, welche die Stufen-Nummern 0 (Wurzel-Ebene), 1 (mittlere Ebene hier)
und 2 (=: l, „Blatt-Ebene") als Namen tragen. Wir können es so interpretieren:
Die Wurzel-Position entspricht unserem Stand-Punkt. Von hier verzweigen wir
bei der Entscheidung bzgl. Variable 1 gemäß „if-then-else" nach links zu „then"
und nach rechts zu „else", auf der nächsten Entscheidungs-Ebene bzgl. Variable
2 nach links wieder zu „then" und nach rechts wieder zu „else", usw.; wenn wir
alle Variablen in Betracht ziehen, so haben wir auf der (letzten) Blatt-Ebene l
genau 2^l „Blätter". Liest man „then" als *true* („1") und „else" als *false* („0"), so
finden sich auf dieser Ebene l von rechts nach links die Binär-Kodierungen, rechts
anfangend bei der kleinsten Zahl 0 bis links hin zur größten Zahl $2^l - 1$, womit 2^l
Zahlen kodiert wären. Dies entspricht der Anzahl Zeilen einer *boole*schen Werte-
Tafel, die für l Variablen so alle 2^l *false/true*-Belegungs-Kombinationen darstellt.

Wir interessieren uns, bspw. zur Bestimmung des Speicher-Bedarfs in der Spiele-
Programmierung, für die Gesamt-Anzahl an Knoten (Spiel-Konfigurationen) im
Baum, wenn jede Ebene vollständig besetzt ist, man also auf allen Positionen die
volle Entscheidungs-Freiheit hat.

Sei $b_{[>1]}$:= Verzweigungs-Faktor,

l := Such-Tiefe (*letzte Entscheidungs-Ebene*),

$s_b(l)$:= *S*umme aller Knoten über alle Ebenen (von 0 bis l); dann gilt folgende

Behauptung (*geometrische Reihe*[7])   :

$$s_b(l) \;=\; \frac{b^{(l+1)} - 1}{b - 1} \qquad .$$

Beweis: Induktion über l $[\; = \log_b(b^l) \;\in \mathcal{N}\;]$:

(a) Basis: $l_0 := 0$
           Prinzip: $s_b(0)_\mathrm{P} = 1$ ($\exists!$ Knoten: Wurzel)   ;
           Formel: $s_b(0)_\mathrm{F} = (b^{(0+1)} - 1)/(b - 1) = (b - 1)/(b - 1) = 1 = s_b(0)_\mathrm{P}$.

(b) Hypothese:

$$s_b(l - 1) \;=\; \frac{b^{((l-1)+1)} - 1}{b - 1} \qquad \left[\; =\; \frac{b^l - 1}{b - 1} \;\right] \qquad .$$

---

[7] mit $a_0 := 1$, $a_i :=_{[i>0]} a_{i-1} \cdot b_{\underline{B}ruch}$; $\sum_{i:=0}^{l} a_i = \sum_{i:=0}^{l} b^i =: s_b(l)$

(c) Schritt: $(l_0 \leq)\ l-1\ \rightarrow\ l\ (>l_0)$

Zur bisherigen Summe kommen auf der neuen Ebene l noch b^l Knoten hinzu:

$$s_b(l)_P \quad = \quad s_b(l-1) + b^l$$

$$\overset{!}{=} \quad \frac{b^l - 1}{b-1} + \frac{(b-1)\cdot b^l}{b-1}$$

$$= \quad \frac{b^l - 1 + b^{(l+1)} - b^l}{b-1}$$

$$= \quad \frac{b^{(l+1)} - 1}{b-1} \quad = \quad s_b(l)_F \qquad .$$

3. Anzahl vollbesetzter Ebenen im „*Fibonacci*-Baum"

Gegeben ist folgende (zunächst) rekursive Bildung der *F*ibonacci-Zahlen   :

$$F_0 := 0\,,\ F_1 := 1;\qquad F_{n_{[>1]}} \quad := \quad F_{n-1} + F_{n-2}\ ,\qquad n \geq 2 \qquad .$$

Wir berechnen bspw. F_6. Dieser Index 6 (die Eingabe-Größe n) ist (üblicherweise) unter den beiden gegebenen Index-Basen 0 (in F_0) und 1 (in F_1) nicht vertreten; sein F-Wert lässt sich nicht direkt ablesen. Wir ersetzen den allgemeinen Index n mit der konkreten Eingabe 6 und nehmen die Rekursion als Rechen-Vorschrift :

$$F_6 \quad := \quad F_{6-1} + F_{6-2} \qquad .$$

Auch F_5 steht nicht unmittelbar zur Verfügung, weshalb wir auch dies (wiederum rekursiv) herleiten, usw. Es ergibt sich der in Bild 4.2 dargestellte Binär-Baum von Rekursions-Aufrufen der Fib-Funktion:

Sei $c_n := \#$ vollständig[8] besetzter F-Ebenen beim Aufruf-Index n; es gilt folgende Behauptung   :

$$c_n \quad = \quad 1 + \left\lfloor \frac{n}{2} \right\rfloor \qquad .$$

Beweis: Induktion über n :

(a) Basis:

    i. $n_0 := 0$
- $c_{0_P} \quad = \quad 1$ (Top-Level: F_0)   ,
- $c_{0_F} \quad = \quad 1 + \left\lfloor \frac{0}{2} \right\rfloor \quad = \quad 1 \quad = \quad c_{0_P}$;

    ii. $n_1 := 1$
- $c_{1_P} \quad = \quad 1$ (Top-Level: F_1)   ,
- $c_{1_F} \quad = \quad 1 + \left\lfloor \frac{1}{2} \right\rfloor \quad = \quad 1 \quad = \quad c_{1_P}$.

---

[8]engl.: completely

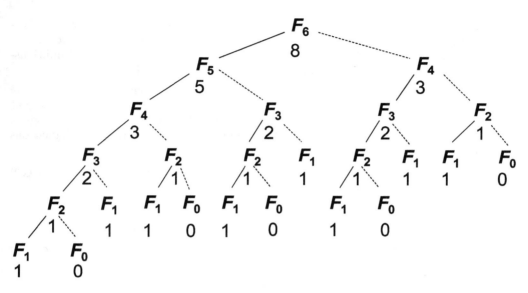

Abb. 4.2: *Fib-Baum*

(b) Hypothese:

$$c_{n-1} \;=\; 1 + \left\lfloor \frac{n-1}{2} \right\rfloor \quad , \qquad c_{n-2} \;=\; 1 + \left\lfloor \frac{n-2}{2} \right\rfloor \quad .$$

(c) Schritt: $(n_0 \le)\, n-2,\, n-1 \;\to\; n\, (> n_1 > n_0)$

Idee: Wir nehmen das <u>Min</u>imum der beiden Vorgänger-Werte, da es nur um die vollständig besetzten Ebenen geht; durch den neuen Aufruf-Index n wird eine weitere (Top-)Ebene[9] eingezogen, weshalb man 1 addiert   :

$$
\begin{aligned}
c_{n_P} \;&=\; 1 + \min\{c_{n-1},\, c_{n-2}\} \\[2mm]
&\overset{!}{=}\; 1 + \min\left\{ 1 + \left\lfloor \frac{n-1}{2} \right\rfloor ,\, 1 + \left\lfloor \frac{n-2}{2} \right\rfloor \right\} \\[2mm]
&=\; 1 + \begin{cases} \frac{2+(n-2)}{2} & ; \quad \mathtt{gerade}(n) \\[2mm] \frac{2+((n-2)-1)}{2} & ; \quad \mathtt{ungerade}(n) \end{cases} \\[2mm]
&=\; 1 + \begin{cases} \frac{n}{2} & ; \quad \mathtt{gerade}(n) \\[2mm] \frac{n-1}{2} & ; \quad \mathtt{ungerade}(n) \end{cases} \\[2mm]
&=\; 1 + \left\lfloor \frac{n}{2} \right\rfloor \;=\; c_{n_F} \qquad .
\end{aligned}
$$

[9]mit neuer Wurzel zur Verbindung der 2 vorherigen (Teil-)Bäume mit den Indizes $n-1$ und $n-2$

Laut vorherigem („2.") Beispiel geht die Ebenen-Nummer als Exponent in die Formel zur Bestimmung der Knoten-Anzahl im Baum ein — weshalb man leicht sieht,
dass bereits durch die vollständig besetzten Ebenen die Anzahl der Funktions-
Aufrufe exponentiell bezogen auf den Eingabe-Index ausfällt.[10]

Es gibt natürlich einen linearen Algorithmus, der — „bottom-up" (iterativ) — bei
den Basis-Indizes anfangend, sich nacheinander zum Index n nach vorne hangelt
und somit einfach proportional zur Eingabe-Größe nach n Schritten F_n ausgibt.
Wir betreiben jedoch hier keine Algorithmik, sondern explizieren lediglich das
Induktions-Prinzip.

Nun, es gibt noch eine Methode, deren Rechen-Zeit sich sogar „konstant", bezogen
auf den Eingabe-Index n, verhält:[11]

4. Binet's geschlossene „Fib-Formel"

   Sei $\phi := (1 + \sqrt{5})\,/\,2$, $\psi := (1 - \sqrt{5})\,/\,2$; dann gilt folgende
   Behauptung für die Fibonacci-Zahl mit Eingabe-Index n :

$$f_n \;=\; \frac{\phi^n - \psi^n}{\sqrt{5}} \qquad\qquad [\in_{\smile} \mathcal{N}] \qquad\qquad .$$

   Beweis: Induktion über n :

   (a) Basis:

       i. $n_0 := 0$
          * $f_{0_P} \;=\; 0$ (erster gegebener Basis-Wert)   ,
          * $f_{0_F} \;=\; (\phi^0 - \psi^0)\,/\,\sqrt{5} \;=\; (1 - 1)\,/\,\sqrt{5} \;=\; 0 \;=\; f_{0_P}$;
       ii. $n_1 := 1$
          * $f_{1_P} \;=\; 1$ (letzter gegebener Basis-Wert)   ,
          * $f_{1_F} \;=\; (\phi^1 - \psi^1)\,/\,\sqrt{5} \;=\; ((1 + \sqrt{5})\,/\,2 - (1 - \sqrt{5})\,/\,2)\,/\,\sqrt{5} \;=\;$
            $((1 + \sqrt{5}) - (1 - \sqrt{5}))\,/\,(2\sqrt{5}) \;=\; (1 - 1 + 2\sqrt{5})\,/\,(2\sqrt{5}) \;=\;$
            $1 \;=\; f_{1_P}$.

   (b) Hypothese:

$$f_{n-1} \;=\; \frac{\phi^{(n-1)} - \psi^{(n-1)}}{\sqrt{5}} \qquad\qquad ;$$

$$f_{n-2} \;=\; \frac{\phi^{(n-2)} - \psi^{(n-2)}}{\sqrt{5}} \qquad\qquad .$$

   (c) Schritt: $(n_0 \leq)\ n - 2,\ n - 1\ \rightarrow\ n\ (> n_1 > n_0)$

$$f_{n_P} \;=\; f_{n-1} + f_{n-2} \;\overset{!}{=}\;$$

---

[10]Zur Nutzung der Behauptung auf S. 37: $l := c_n$; da c_n linear von n abhängt, gilt o. g. Bemerkung.
[11]Wir betrachten keinen Speicher-Platz.

$$\frac{\left(\frac{1+\sqrt{5}}{2}\right)^{(n-1)} \cdot \ - \left(\frac{1-\sqrt{5}}{2}\right)^{(n-1)}}{\sqrt{5}} \ + \ \frac{\left(\frac{1+\sqrt{5}}{2}\right)^{(n-2)} - \left(\frac{1-\sqrt{5}}{2}\right)^{(n-2)}}{\sqrt{5}}$$

$$= \ \frac{\left(\frac{1+\sqrt{5}}{2}\right)^{(n-2)} \cdot \left(\frac{1+\sqrt{5}}{2}+1\right) \ - \ \left(\frac{1-\sqrt{5}}{2}\right)^{(n-2)} \cdot \left(\frac{1-\sqrt{5}}{2}+1\right)}{\sqrt{5}}$$

$$= \ \frac{\left(\frac{1+\sqrt{5}}{2}\right)^{(n-2)} \cdot \frac{(1+\sqrt{5}+2)\cdot 2}{2\cdot 2} \ - \ \left(\frac{1-\sqrt{5}}{2}\right)^{(n-2)} \cdot \frac{(1-\sqrt{5}+2)\cdot 2}{2\cdot 2}}{\sqrt{5}}$$

$$= \ \frac{\left(\frac{1+\sqrt{5}}{2}\right)^{(n-2)} \cdot \frac{1+2\sqrt{5}+5}{2^2} \ - \ \left(\frac{1-\sqrt{5}}{2}\right)^{(n-2)} \cdot \frac{1-2\sqrt{5}+5}{2^2}}{\sqrt{5}}$$

$$= \ \frac{\left(\frac{1+\sqrt{5}}{2}\right)^{(n-2)} \cdot \left(\frac{1+\sqrt{5}}{2}\right)^2 \ - \ \left(\frac{1-\sqrt{5}}{2}\right)^{(n-2)} \cdot \left(\frac{1-\sqrt{5}}{2}\right)^2}{\sqrt{5}}$$

$$= \ \frac{\phi^n - \psi^n}{\sqrt{5}} \ = \ f_{n_F} \qquad .$$

[Ausritt: ϕ — *Fib* — GGT]

- Binet's Formel eignet sich nicht im Reich der endlichen Zahlen-Darstellung des Computers. Wir kommen daher zurück auf das Nacheinander-Ausrechnen. Wenn wir nun eine kleine Abweichung akzeptieren, so schaffen wir es, nur auf 1 Vorgänger zurückzugreifen (und nicht auf 2 angewiesen zu sein). Holen wir zunächst das eben eingeführte ϕ wieder hervor   :

$$\phi \ := \ \frac{1 + \sqrt{5}}{2} \qquad .$$

Wir beobachten (bzgl. der *Fibonacci*-Zahl mit Index i bzw. letztlich n)   :

$$\frac{f_{i-1}}{f_{i-2}} \ < \ \phi \ < \ \frac{f_i}{f_{i-1}} \quad ; \ i := 2k+1, \ k \in \mathcal{N} \setminus \{0\} \ [= \{1,2,3,\dots\}\,] \,;$$

$$\lim_{n \to \infty} \frac{f_n}{f_{n-1}} \ = \ \phi \qquad\qquad [\approx \frac{8}{5}\,] \qquad\qquad ,$$

$$f_n \ \approx \ \phi \cdot f_{n-1} \qquad\qquad ; \ n \geq 6 \qquad\qquad .$$

ϕ findet sich auch in anderen Bereichen wieder; es ist der „Goldene Sch.[12]". In der (klassischen) Architektur repräsentiert er die als harmonisch angesehene Aufteilung einer Front-Ansicht in zwei unterschiedlich breite Teile, dergestalt, dass das Verhältnis der Gesamt-Länge zur längeren Teil-Seite identisch ist mit dem der längeren zur kürzeren Teil-Seite, wie in etwa in Bild 4.3 skizziert:

---

[12] ⌣ Schnitt

Abb. 4.3: *Goldener Schnitt*

$$t \quad := \quad l + s \quad ; \quad \frac{t}{l} = \frac{l}{s} \qquad \qquad .$$

$$\phi \quad := \quad \frac{l}{s} = \frac{t}{l} \qquad \qquad |\cdot ls \qquad \qquad \Longleftrightarrow$$

$$l^2 \quad = \quad ts \qquad \qquad |-ts \qquad \qquad \Longleftrightarrow$$

$$l^2 - ts \quad = \quad 0 \qquad \qquad \Longleftrightarrow$$

$$l^2 - (l+s)s \quad = \quad 0 \qquad \qquad \Longleftrightarrow$$

$$l^2 - sl - s^2 \quad = \quad 0 \qquad \qquad \Longleftrightarrow$$

$$l \quad = \quad \frac{s}{2} \pm \sqrt{\left(-\frac{s}{2}\right)^2 - (-s^2)} \qquad \qquad \Longleftrightarrow$$

$$l \quad = \quad \frac{s}{2} \pm \sqrt{\frac{s^2 + 4s^2}{4}} \qquad \qquad \Longleftrightarrow$$

$$l \quad = \quad \frac{s}{2} \pm \sqrt{\left(\frac{s}{2}\right)^2 \cdot 5} \qquad \qquad \Longleftrightarrow$$

$$l \quad = \quad \frac{s}{2} \cdot \left(1 \pm \sqrt{5}\right) \qquad \qquad [> 0] \Longrightarrow$$

$$l \quad = \quad \frac{1 + \sqrt{5}}{2} \cdot s \qquad \qquad |:s \qquad \qquad \Longleftrightarrow$$

$$\frac{l}{s} \quad = \quad \frac{1 + \sqrt{5}}{2} \quad =: \quad \phi \quad := \quad \frac{t}{l} \qquad \qquad .$$

• Sei GGT := größter gemeinsamer Teiler zweier Zahlen. Es gilt, ohne Beweis:

$$Fib(\text{GGT}(m,n)) \quad = \quad \text{GGT}(Fib(m), Fib(n)) \qquad \qquad .$$

Beispiel   :

$$m \quad := \quad 6 \quad , \quad n \quad := \quad 9 \qquad \qquad ;$$

$$Fib(\text{GGT}(6,9)) \quad = \quad Fib(\text{GGT}(3 \cdot 2, 3 \cdot 3)) \quad = \quad Fib(3) \quad = \quad 2 .$$

$$\text{GGT}(Fib(6), Fib(9)) \quad = \quad \text{GGT}(8, 34) \quad = \quad \text{GGT}(2 \cdot 4, 2 \cdot 17) \quad = \quad 2 .$$

5. Anzahl Zeilen in *boole*scher Werte-Tafel

   Sei $r_n := \#$ Zeilen[13] einer Werte-Tabelle für n *boole*sche Variablen; es gilt die Behauptung   :

   $$r_n = 2^n \qquad .$$

   Beweis: Induktion über n :

   (a) Basis: $n_0 := 1$
   $$r_{1_P} = 2 \qquad\qquad [= |\{\mathit{false},\ \mathit{true}\}|\,] \qquad ;$$
   $$r_{1_F} = 2^1 = r_{1_P} \qquad .$$

   (b) Hypothese:
   $$r_{n-1} = 2^{(n-1)} \qquad .$$

   (c) Schritt: $(n_0 \leq)\ n-1 \ \rightarrow\ n\ (> n_0)$
   $$r_{n_P} = 2 \cdot r_{n-1} \overset{!}{=} 2^1 \cdot 2^{(n-1)} = 2^n = r_{n_F} \qquad .$$

   Im aktuellen Beispiel stellt der Inhalt dieser 2^n Zeilen die Binär-Notation der 2^n Zahlen 0 bis 2^n-1 dar. Hat man vorher $2^{(n-1)}$ Zeilen, so bleiben diese bisherigen Zahlen durch Ergänzen einer führenden 0 erhalten, und es ergeben sich $2^{(n-1)}$ neue größere Zahlen durch Voranstellen einer führenden 1, s. d. letztlich doppelt so viele Zahlen (hier Zeilen) zur Verfügung stehen wie vorher.

   2^n entspricht auch der Anzahl der Elemente in der Menge aller Teilmengen (Potenz-Menge) einer n-elementigen Grund-Menge. Das hier benutzte Induktions-Schema (Verdoppeln der Vorgänger-Struktur beim Übergang von $n-1$ nach n) findet sich demnach auch beim Bilden einer neuen größeren Potenz-Menge: Die $2^{(n-1)}$ bisher vorhandenen Teilmengen bleiben alle erhalten, und zu jeder dieser Mengen wird als weitere Variante zusätzlich das neue Element gesteckt, weshalb man letztlich doppelt so viele Elemente in der Potenz-Menge wie vorher erhält — reflektiert durch den vorher genannten konstruktiven Schritt [in (c)] „$2\cdot$".

6. Anzahl *boole*scher Funktionen

   Sei $d_n := \#$ aller verschiedenen[14] n-stelligen *boole*schen Funktionen; es gilt die Behauptung   :

   $$d_n = 2^{(2^n)} \qquad .$$

   Hintergrund: Ähnlich wie vorhin nehmen wir die Gesamtzahl möglicher Eingaben in den Exponenten der Potenz zur Basis 2 (da jede der 2^n möglichen Input-Zeilen einen binären Funktions-Output hat).

   Beweis: Induktion über n :

---

[13]engl.: *rows*
[14]engl.: *different*

(a) Basis: $n_0 := 0$

$$d_{0_P} = 2 \quad [= |\{(\text{no } \underline{\text{input}}, \mathit{false}_{\underline{\text{output}}}), (\text{no } \underline{\text{input}}, \mathit{true}_{\underline{\text{output}}})\}|]\ ,$$

$$d_{0_F} = 2^{(2^0)} = 2^1 = d_{0_P} \quad ;$$

oder : $n_0' := 1$

$$d_{1_P} = 4 \quad [= |\{(f_{\texttt{in}}, f_{\texttt{out}}), (f_{\texttt{in}}, t_{\texttt{out}}), (t_{\texttt{in}}, f_{\texttt{out}}), (t_{\texttt{in}}, t_{\texttt{out}})\}|]\ ,$$

$$d_{1_F} = 2^{(2^1)} = 2^2 = d_{1_P} \quad .$$

(b) Hypothese:

$$d_{n-1} = 2^{(2^{(n-1)})} \qquad\qquad .$$

(c) Schritt: $(n_0 \le)\ n-1\ \to\ n\ (> n_0)$

Mit dem nächstgrößeren n verdoppelt sich gemäß vorigem Beispiel die Zeilen-Zahl, was sich im hiesigen Induktions-Schritt entsprechend bemerkbar macht:

$$d_{n_P} = |\mathcal{B}|^{\#\,\texttt{Zeilen}_n} \underset{5.\ \text{Beispiel}}{\overset{\text{Schritt}}{=}} 2^{(2\,\cdot\,\#\,\texttt{Zeilen}_{n-1})}$$

$$= (2^{\#\,\texttt{Zeilen}_{n-1}})^2 = (d_{n-1})^2 \overset{!}{=} (2^{(2^{(n-1)})})^2$$

$$= 2^{(2^{(n-1)}\cdot 2^1)} = 2^{(2^n)} = d_{n_F} \qquad\qquad .$$

4.1.2 Wort-Längen

Idee: Das sogenannte „leere"[15] Wort ε hat die Länge 0; haben wir bereits ein Wort und hängen einen Buchstaben an, so erhalten wir ein neues Wort, welches 1 Zeichen mehr hat. Es lassen sich so alle möglichen Zeichenketten beliebiger Länge bilden. Obwohl ein zugrunde liegendes Alphabet selbst nur endlich viele Zeichen zur Auswahl bereitstellt, sind unendlich viele Wörter möglich; jedes davon ließe sich letztlich einer natürlichen Zahl eindeutig zuordnen.

Ein potentieller Induktions-Beweis geht nun folglich über die Wort-Länge („Breite").[16]

Sei a ein Alphabet-Zeichen, ε das leere Wort sowie u, v und w beliebige Wörter; es gilt:

$$\varepsilon\, w = w\, \varepsilon = w \qquad\qquad ,$$

$$(u\, v)\, w = u\,(v\, w) \qquad\qquad ;$$

$$|w| := \textsf{Wort} - \textsf{Breite} \qquad\qquad :$$

$$|\varepsilon| := 0 \qquad\qquad ,$$

$$|u\, v| = |u| + |v| \qquad\qquad \Longrightarrow$$

$$|v\, a| = |v| + 1 \qquad\qquad .$$

3 Bemerkungen:

---

[15] engl.: *empty*

[16] Wir leisten hier Vor-Arbeit für das Thema *Formale Sprachen* im Bereich *Theoretische Informatik*.

- Letzteres gilt unter der syntaktischen Berücksichtigung eines Zeichens als ein Wort der Länge 1.

- Das Hintereinander-Platzieren zweier Wörter ist nicht kommutativ[17]; demnach gilt i. Allg.: $u\,v \neq v\,u$, was kommutative Spezial-Fälle natürlich nicht ausschließt.

- Die Klammern sind nicht Teil des Alphabets; sie mögen lediglich die Reihenfolge der Abarbeitung/Betrachtung verdeutlichen.

Anwendung: Wort-Umkehr[18] ρ : $\rho(c_1 c_2 \ldots c_n) = c_n \ldots c_2 c_1$, $c_{[1 \leq] i_{[\leq n]}} :=$ Zeichen[19] :

$$\rho(\varepsilon) \quad = \quad \varepsilon \qquad\qquad ;$$

$$\rho(v\,a) \quad = \quad a\,\rho(v) \qquad\qquad .$$

Ein längeres Wort, welches gegenüber „vorher" um einen Buchstaben verlängert wurde, wird dadurch umgekehrt, indem man den Buchstaben am Ende entfernt und nach vorne bringt sowie den bereits „vorhandenen" Wort-Stamm (bspw. nach dem gleichen Prinzip) ebenfalls umdreht. Es gilt ganz allgemein folgende
Behauptung :

$$\rho(u\,v) \quad = \quad \rho(v)\,\rho(u) \qquad\qquad .$$

Beweis: Induktion über die Wort-Länge n :

(a) Basis: $|w| := 0 \quad [= n_0 ; \quad w := \varepsilon]$
   Regel: $\rho(\varepsilon) \;=\; \rho(\varepsilon\,\varepsilon) \;=\; \rho(\varepsilon)\,\rho(\varepsilon)$,
   Prinzip: $\rho(\varepsilon\,\varepsilon) \;=\; \rho(\varepsilon) \;=\; \varepsilon \;=\; \varepsilon\,\varepsilon \;=\; \rho(\varepsilon)\,\rho(\varepsilon)$;
   oder: $\rho(u\,v) \;:=\; \rho(u\,\varepsilon) \;=\; \rho(u) \;=\; \varepsilon\,\rho(u) \;=\; \rho(\varepsilon)\rho(u) \;=\; \rho(v)\,\rho(u)$.

(b) Hypothese:

$$\rho(c_1 c_2 \ldots c_n) \quad = \quad c_n \ldots c_2 c_1 \qquad\qquad ;$$

$$\rho(u\,v) \quad = \quad \rho(v)\,\rho(u) \qquad\qquad .$$

(c) Schritt: $(n_0 \leq |v| \;=)\; n \overset{\text{hier}}{\mapsto} n+1 \;(=\; |va| > n_0)$

$$w \quad := \quad v\,a \qquad\qquad ;$$

$$\rho(u\,w) \quad = \quad \rho(u\,(v\,a)) \quad = \quad \rho((u\,v)\,a) \quad = \quad a\,\rho(u\,v)$$

$$\overset{!}{=} \quad a\,(\rho(v)\,\rho(u)) \quad = \quad (a\,\rho(v))\,\rho(u)$$

$$= \quad \rho(v\,a)\,\rho(u) \quad = \quad \rho(w)\,\rho(u) \qquad\qquad .$$

Wir konnten beweisen, dass jedes beliebige Wort dadurch umgekehrt werden kann, indem man einen hinteren (Wort-)Teil umgedreht nach vorne und den alten vorderen Teil umgedreht nach hinten bringt — unabhängig der Wort-Länge.

---

[17]man denke nur an die Reihenfolge von Vor- und Nach-Name
[18]engl.: *reverse* (hier via o. g. griech. Buchstaben „rho")
[19]engl.: *character*

4.2   Direkter Beweis

Bei diesem Vorgehen startet man bei einer gesicherten Ausgangs-Basis, macht einige gültige Schritte („Äquivalenz-Transformationen"), um *direkt* die Behauptung zu liefern. Um Ihnen/dir den Vergleich verschiedener Beweis-Verfahren zu erleichtern, vollziehen wir das Prinzip *Direkter Beweis* auf den bereits im vorherigen Abschnitt vorgestellten ersten beiden Beispielen.

1. Illustration: Es gilt die inzwischen aus Unter-Abschnitt 4.1.1 (1. Beispiel)[20] bekannte Behauptung   :

$$e_n = \frac{n \cdot (n-1)}{2} \quad .$$

Beweis: direkt   :

$$e_n = e_{n-1} + (n-1) = 1 + 2 + 3 + \ldots + (n-3) + (n-2) + (n-1);$$

$$+ \qquad\qquad [(n-1) + (n-2) + (n-3) + \ldots + 3 + 2 + 1]$$

$$2 \cdot e_n = n \cdot (n-1) \qquad\qquad\qquad | : 2$$

$$\Longleftrightarrow \quad e_n = \frac{n \cdot (n-1)}{2} \quad .$$

(Diese Formel zur Summe der ersten $n-1$ natürlichen Zahlen ist „common folklore".)

2. Illustration: Es gilt die inzwischen aus Unter-Abschnitt 4.1.1 (2. Beispiel)[21] bekannte Behauptung   :

$$s_{b_{[>1]}}(l) \;:=\; \sum_{i:=0}^{l} b^i \;=\; \frac{b^{(l+1)} - 1}{b - 1} \quad .$$

Beweis: direkt   :

$$1 \cdot s_b(l) = b^0 + b^1 + b^2 + \ldots + b^{(l-1)} + b^l \qquad\qquad | \cdot b$$

$$- \quad [b \cdot s_b(l) = b^1 + b^2 + b^3 + \ldots + b^l + b^{(l+1)}]$$

$$(1-b) \cdot s_b(l) = 1 - b^{(l+1)} \qquad\qquad\qquad | : (1-b)$$

---

[20]Seite 36
[21]Seite 37

$$\Longleftrightarrow \quad s_b(l) \quad = \quad \frac{1 - b^{(l+1)}}{1 - b} \qquad\qquad \Big| \cdot \frac{-1}{-1}$$

$$\Longleftrightarrow \quad s_b(l) \quad = \quad \frac{b^{(l+1)} - 1}{b - 1} \qquad\qquad .$$

Man notiert die Ausgangs-Lage nur etwas ausführlicher, wählt „geschickt"[22] eine einfache mathematische Operation, macht einige wenige Schritte, und das Ding ist bewiesen.

4.3   Indirekter Beweis

Diese Philosophie basiert auf der „contrapositive"-Äquivalenz[23] der *Boole*schen Algebra:

$$a \rightarrow c \quad \Longleftrightarrow \quad \neg c \rightarrow \neg a \qquad\qquad ;$$

die Werte-Tafel in Bild 4.4 zeigt anschaulich die Gültigkeit dieses Prinzips.

a	c	a → c	¬c → ¬a	¬c	¬a
0	0	1	1	1	1
0	1	1	1	0	1
1	0	0	0	1	0
1	1	1	1	0	0

Abb. 4.4: *Indirekter Beweis*

Wir negieren zunächst die Aussagen-Variable c — in der Hoffnung, nach sauberen Transformations-Schritten bei der Negation der Ausgangs-Basis ($\neg a$) zu landen — ein sogenannter Widerspruchs-Beweis. Wie auch beim *direkten* Beweis wird a aber eigentlich als gesichert angesehen; kommen wir jedoch hier nun zwischenzeitlich zu dem Punkt, dass a doch nicht zu gelten scheint, dann kann es nur an der falschen Annahme ($\neg c$) gelegen haben — weshalb also doch c gilt, was man so auf *indirektem* Weg gezeigt hat.

Beispiel: Das Quadrieren einer natürlichen Zahl ist invariant hinsichtlich ihrer Parität (*gerade/ungerade* zu sein), und die Wurzel(-Ausgabe) einer Quadrat-Zahl hat die gleiche Parität wie deren Eingabe.

Vorbemerkungen zur *Parität p*   :

- $p(2i) \;=\; gerade \;\neq\; ungerade \;=\; p(2i+1)$,

- $p(i) \;=\; gerade \;\oplus\; p(i) \;=\; ungerade \qquad ; \qquad\qquad \forall\, i \in \mathcal{N}$.

---

[22]ok, auf genau diese vorher präsentierte Idee muss man natürlich erst einmal kommen ⌣
[23]ausgehend von: „antecedent" → „consequent"; siehe Unter-Abschnitt 3.2.1, Seite 32

(Man kann sie als Funktion ansehen; damit hat jede natürliche Zahl genau 1 Parität.)

Für jedes beliebige $n \in \mathcal{N}$ gilt folgende, im laufenden Beispiel bereits textuell genannte, Behauptung: $\qquad\qquad\qquad\qquad p(n^2) \quad = \quad p(n) \qquad\qquad\qquad\qquad .$

Wir teilen den Beweis auf $\qquad\qquad\qquad\qquad\qquad\qquad\qquad\qquad\qquad\qquad\qquad\qquad\qquad :$

1. $\qquad\qquad p(n^2) \;=\; $ gerade $\qquad \Longrightarrow \qquad p(n) \;=\; $ gerade $\qquad\qquad ,$

2. $\qquad\qquad p(n^2) \;=\; $ ungerade $\qquad \Longrightarrow \qquad p(n) \;=\; $ ungerade $\qquad ;$

3. $\qquad\qquad p(n) \;=\; $ gerade $\qquad \Longrightarrow \qquad p(n^2) \;=\; $ gerade $\qquad\qquad ,$

4. $\qquad\qquad p(n) \;=\; $ ungerade $\qquad \Longrightarrow \qquad p(n^2) \;=\; $ ungerade $\qquad .$

Die zweite Hälfte können wir uns schenken; kümmern wir uns um die ersten zwei Fälle:

Beweis: indirekt $\qquad\qquad\qquad\qquad\qquad\qquad\qquad\qquad\qquad\qquad\qquad\qquad\qquad :$

1. $\quad$ Zu zeigen: $\quad p(n^2) \;=\; $ gerade $\quad \Longrightarrow \quad p(n) \;=\; $ gerade $\qquad :$

$\qquad\qquad p(n) \;\neq\; $ gerade $\;[\,p(n) = $ ungerade$\,] \quad \Longrightarrow \quad n \;:=\; 2i+1;$

$\qquad\qquad p(n^2) \;=\; p((2i+1)^2) \;=\; p(4i^2+4i+1) \;=\; p(2\cdot(2i^2+2i)+1)$

$\qquad\qquad\qquad\qquad = \; [\,p(1) =\,] \;\text{ungerade} \;\neq\; \text{gerade}_{\text{Ausgangs}-\text{Basis}} \quad \Longrightarrow$

$\qquad p(n) = $ ungerade $[\neq $ gerade$] \quad \Longrightarrow \quad p(n^2) = $ ungerade $[\neq $ gerade$]$

$\qquad\qquad\qquad\qquad\qquad\qquad\qquad\qquad\qquad\qquad \Longleftrightarrow {}^{\text{indirekter}}_{\text{Beweis}}$

$\qquad\qquad p(n^2) \;=\; $ gerade $\qquad \Longrightarrow \qquad p(n) \;=\; $ gerade $\qquad\qquad .$

2. $\quad$ Zu zeigen: $\quad p(n^2) \;=\; $ ungerade $\quad \Longrightarrow \quad p(n) \;=\; $ ungerade $:$

$\qquad\qquad p(n) \;\neq\; $ ungerade $\;[\,p(n) = $ gerade$\,] \quad \Longrightarrow \quad n \;:=\; 2i\,;$

$\qquad\qquad p(n^2) \;=\; p((2i)^2) \;=\; p(4i^2) \;=\; p(2\cdot 2i^2)$

$\qquad\qquad\qquad\qquad = \; [\,p(0) =\,] \;\text{gerade} \;\neq\; \text{ungerade}_{\text{Ausgangs}-\text{Basis}} \quad \Longrightarrow$

$\qquad p(n) = $ gerade $[\neq $ ungerade$] \quad \Longrightarrow \quad p(n^2) = $ gerade $[\neq $ ungerade$]$

$\qquad\qquad\qquad\qquad\qquad\qquad\qquad\qquad\qquad\qquad \Longleftrightarrow {}^{\text{indirekter}}_{\text{Beweis}}$

$\qquad\qquad p(n^2) \;=\; $ ungerade $\qquad \Longrightarrow \qquad p(n) \;=\; $ ungerade $\qquad .$

5 Zähl-Techniken

Wir kommen nun zum Höhepunkt im hinteren Teil dieses Buches. Zunächst beleuchten wir einige grundlegende Techniken wie Summen-, Produkt- und Quotienten-Regel[1] sowie das Schubfach-Prinzip. Anschließend betrachten wir den sich abwechselnd gestaltenden Ein-/Ausschluss von Mengen-Ausdrücken, hauptsächlich zur Bestimmung der Anzahl der Elemente in der Vereinigung mehrerer nicht-schnittfreier Mengen. Sodann wenden wir uns meiner Lieblings-Technik, der Rekurrenz-Relation, zu. Dabei versuche ich, Sie mit auf eine Kreativitäts-Reise zu nehmen; schließlich ist der Hauptzweck eines solchen Werkzeugs einer geschlossenen (Zähl-)Formel kreativ auf die Spur zu kommen. Danach behandeln wir die Klassiker unter den Zähl-Problemen: die Anzahl verschiedener Reihenfolgen (Permutationen) bzw. Auswahlen (Kombinationen); dabei unterscheiden wir zwischen Objekten verschiedenen und gleichen Typs. Abschließend lernen Sie die Stirling-Zahlen erster und zweiter Art, inklusive deren für uns wichtigeren Interpretation als Zyklen- resp. Teilmengen-Zahl, kennen, sowie die Bell-Zahlen — sie sind das Letzte ⌣. (Weiterführendes findet sich in meinem hinten gelisteten Informatik-Buch, 1. Kapitel, wo ich im Abschnitt „1.4 Zähltechniken" [S. 14–16] u. a. aus der beliebten ausgangssperren-freien Bar-Welt ein Schmankerl zum „Ziehen mit Zurückgeben" ⌣ präsentiere. [Dort im Anschluss lauert ebenso noch ein Einstieg in die *Kryptologie* — die *Euler*sche ϕ-Funktion {für die endliche Gruppen-Ordnung}, der *Kleine* ⌣ *Satz von Euler-Fermat* sowie dessen Einsatz im Spezial-Fall einer *Prim*-Zahl im *RSA*-Verfahren.])

5.1 Grundlegendes

5.1.1 Summen-Regel

Gegeben seien m unterschiedliche Fälle à n_i $(1 \leq i \leq m)$ verschiedener Optionen; dann ist die (An-)Zahl differierender Möglichkeiten

$$ z \quad = \quad \sum_{i:=1}^{m} n_i \qquad \qquad .$$

Lassen Sie uns ein Mini-Beispiel aus der Informatik betrachten:
Die (Zeichen-)Länge l eines Zugangs-Kennwortes soll zwischen 1 und 3 liegen; bei $l := 1$ darf beliebig eine Ziffer oder ein Vokal benutzt werden, bei $l := 2$ muss eine Ziffer vorangestellt werden und bei $l := 3$ zusätzlich vorne zwingend ein Vokal stehen.

Frage: Wie viele Möglichkeiten der Bildung eines solchen[2] Kennwortes gibt es   ?

---

[1] alle nicht zu verwechseln mit gleichlautenden Begriffen der Differential-Analysis
[2] zugegebenermaßen recht unsicheren

https://doi.org/10.1515/9783110695557-006

Antwort   :

$$z \;=\; \sum_{i\,:=\,1}^{3} n_i \;=\; |\{0,1,2,\ldots,9\} \cup \{\mathtt{a},\mathtt{e},\mathtt{i},\mathtt{o},\mathtt{u}\}| + 10\cdot 15 + 5\cdot 150 \;=\;$$

$$15\cdot(1 + 10 + 5\cdot 10) \;=\; 15\cdot 61 \;=\; 915 \quad.$$

Zusatz-Frage   :

Welches z ergibt sich, wenn wir die Zeichenkette nun von der anderen Seite kommend entwickeln, d. h. bei $l := 1$ zunächst einen Vokal fordern, bei $l := 2$ dahinter eine Ziffer verlangen und bei $l := 3$ abschließend entweder eine Ziffer oder einen Vokal vorsehen? Bevor Sie's ausrechnen: Wird nicht eh das Gleiche dabei herauskommen? Hier nun die

Zusatz-Antwort   :

$$z \;=\; \sum_{i\,:=\,1}^{3} n_i \;=\; 5 + 5\cdot 10 + 50\cdot 15 \;=\;$$

$$5\cdot(1 + 10 + 10\cdot 15) \;=\; 5\cdot 161 \;=\; 805 \;\neq\; 915 \quad.$$

Einer der 3 in der Summen-Formel genannten Summanden ist jedoch selbstverständlich identisch mit dem gleichnamigen Summanden aus der ersten Antwort. Welches n_i ist's?[3]

Eine komplexere Erweiterung findet sich im hinten zitierten Informatik-Buch (S. 16–21).

5.1.2   Produkt-Regel

Gegeben seien m (unterschiedliche) Schritte (Positionen) à n_i ($1 \le i \le m$) verschiedener Optionen (bzw. Belegungen); dann ist die (An-)Zahl differierender Möglichkeiten

$$z \;=\; \prod_{i\,:=\,1}^{m} n_i \quad.$$

Lassen Sie uns ein Standard-Beispiel aus der Informatik betrachten:
die Bestimmung der (An-)Zahl der Kodier-Möglichkeiten eines m-stelligen Bit-Vektors[4].

Frage: Wie viele Möglichkeiten der Bildung eines solchen „Wortes" gibt es   ?

Antwort   :

$$z \;=\; \prod_{i\,:=\,1}^{m} n_i \;=\; |\mathcal{B}|^m \;=\; 2^m \qquad [=\; |\mathcal{B}^m|\,] \quad.$$

---

[3] n_m ($=_{\mathtt{hier}}$ n_3 $=$ $50\cdot 15$ $=$ $5\cdot 150$ $=$ 750)
[4] Binär-Zeichenkette mit vorgegebener Länge $l := m$ und Belegungs-Optionen auf jeder Position aus der 2-wertigen Menge $\mathcal{B} := \{0,1\}$

5.1.3 Quotienten-Regel

Gegeben sei eine Aufteilung einer n-elementigen Menge S in gleichgroße Teilmengen à $(0 <)$ m $(< n)$ Elemente; dann ist die (An-)Zahl dieser Teilmengen

$$z \;=\; \frac{n}{m} \qquad .$$

Betrachten wir ein interessantes Beispiel aus der Welt der Permutationen (ab S. 73): die (An-)Zahl unterschiedlicher zyklischer Vertauschungen m verschiedener Elemente.

Frage:

Wie viele verschiedene Möglichkeiten der Anordnung[5] von m Personen an einem Rund-Tisch gibt es, wobei es auf die Platzierungs-Positionen am Tisch selbst nicht ankommt?

(Hierbei lässt sich das !-Zeichen fï¿½r die „Fakultät" schön einbringen; siehe das hier bald folgende letzte Rekurrenz-Beispiel sowie der anschließende Abschnitt „Permutationen".)

Antwort: $\quad z \;=\; n/m \;=\; m!/m \;=\; (m-1)! \cdot m/m \;=\; (m-1)! \qquad .$

Erläuterung:

$S :=$ Menge aller prinzipiell möglichen Anordnungen von m Personen; $|S| = m! =: n$. Jeweils m gleichwertige Rund-Anordnungen lassen sich durch 1 Repräsentanten vertreten. Dann gibt $z = n/m$ die (An-)Zahl unterschiedlicher Repräsentanten an, wobei jeder eine Teilmenge aller Anordnungen nur zyklisch verschobener Elemente darstellt.

5.1.4 Schubfach-Prinzip

Diese einfache, jedoch sehr nützliche, Überlegung[6] ist auch bekannt unter dem Begriff „pigeonhole principle" bzw. „Verteilung in Taubenhöhlen": t Tauben fliegen in h Höhlen; dann gibt es zumindest 1 Höhle mit mindestens folgender Anzahl Tauben :

$$z \;=\; \left\lceil \frac{t}{h} \right\rceil \qquad .$$

Beispiel: Prüfungs-Organisation

$$
\begin{aligned}
t &:= & \# \text{ StudentINNen} & \qquad , \\
h &:= & \# \text{ Prüfungs-Räumlichkeiten} & \qquad .
\end{aligned}
$$

Dann ist es nicht möglich, dass in jedem Prüfungsraum weniger als z Studierende sitzen; positiv formuliert: es gibt (zumindest) 1 Raum mit mindestens $z := \lceil t/h \rceil$ Studierenden.

Illustration: $\qquad$ Gegeben sind die beiden Werte $t := 65$ und $h := 3$ $\qquad$.

Frage: $\qquad$ Welche Zahl ergibt sich für z $\qquad$?

---

[5]bezogen auf „befindet sich genau 1 Position links (bzw. „rechts", je nach Blick-Richtung) neben"
[6]aus 1834 — Johann Peter Gustav Lejeune Dirichlet

Antwort   :

$$z \;=\; \left\lceil \frac{65}{3} \right\rceil \;=\; \left\lceil \frac{63 + 2}{3} \right\rceil \;=\; \left\lceil 21 + \frac{2}{3} \right\rceil \;=\; 22 \quad .$$

Interpretation:

Es reicht nicht aus, in jeden Raum nur 21 Stühle zu platzieren; zumindest in einem Raum müssen mindestens 22 stehen (nicht Studierende, ⌣ sondern Stühle zur Verfügung).

5.2   Ein-/Ausschluss

Hier geht es um das Zählen der Elemente in der Vereinigung von Mengen, welche nicht disjunkt[7] sein müssen. Zunächst einmal beziffern wir für n gegebene Mengen die Zahl nicht-leerer Kombinationen[8]   :

$$\sum_{i := 1}^{n} \binom{n}{i} \;=\; \sum_{i := 0}^{n} \binom{n}{i} - \binom{n}{0} \;=\; 2^n - 1 \quad .$$

Dies ist die Anzahl der Terme im nun folgenden Ausdruck zur Berechnung der Anzahl der v Elemente in der Mengen-Vereinigung   :

$$v \;=\; \left| \bigcup_{k := 1}^{n} A_k \right| \;=\; \sum_{k := 1}^{n} \left((-1)^{(k+1)} \cdot \sum_{1 \le i_1 < \cdots < i_k \le n} \left| \cap A_{i_j} \right| \right) \quad .$$

Was zunächst unhandlich daherkommt, wird klar anhand folgender Konkretisierungen:

i) $n := 1$:

Aufbau   :

$$\bigcup_{k := 1}^{1} A_k \;=\; A \qquad\qquad ;$$

(Zähl-)Formel   :

$$\left| \bigcup_{k := 1}^{1} A_k \right| \;=\; \sum_{k := 1}^{1} \left((-1)^{(k+1)} \cdot \sum_{1 \le i_1 < \cdots < i_k \le 1} \left| \cap A_{i_j} \right| \right) \;=\;$$

$$(-1)^{(1+1)} \cdot \left| \cap A_1 \right| \;=\; (-1)^2 \cdot \left| \cap A \right| \;=\; |A| \quad .$$

---

[7]schnitt-frei (kein [gemeinsames] Element im [leeren] Mengen-Schnitt)

[8]Die folgende Notation $\binom{n}{k}$, manchmal $C(n, k)$ geschrieben, wird im Unter-Abschnitt 5.4.2 (ab S. 76) vorgestellt: die Anzahl Möglichkeiten, aus einer n-elementigen Menge k Elemente auszuwählen.

ii) $n := 2$

Aufbau

$$\bigcup_{k:=1}^{2} A_k \;=\; A_1 \cup A_2 \qquad ;$$

(Zähl-)Formel

$$\left| \bigcup_{k:=1}^{2} A_k \right| \;=\; \sum_{k:=1}^{2} \left((-1)^{(k+1)} \cdot \sum_{1 \le i_1 < \cdots < i_k \le 2} \left| \cap A_{i_j} \right| \right) \;=\;$$

$$(-1)^{(1+1)} \cdot (|A_1| + |A_2|) \;+\; (-1)^{(2+1)} \cdot |A_1 \cap A_2| \;=\;$$

$$|A_1| + |A_2| - |A_1 \cap A_2| \qquad .$$

iii) $n := 3$

Aufbau

$$\bigcup_{k:=1}^{3} A_k \;=\; A_1 \cup A_2 \cup A_3 \qquad ;$$

(Zähl-)Formel

$$\left| \bigcup_{k:=1}^{3} A_k \right| \;=\; \sum_{k:=1}^{3} \left((-1)^{(k+1)} \cdot \sum_{1 \le i_1 < \cdots < i_k \le 3} \left| \cap A_{i_j} \right| \right) \;=\;$$

$$(-1)^{(1+1)} \cdot (|A_1| + |A_2| + |A_3|) \;+$$
$$(-1)^{(2+1)} \cdot (|A_1 \cap A_2| + |A_1 \cap A_3| + |A_2 \cap A_3|) \;+$$
$$(-1)^{(3+1)} \cdot |A_1 \cap A_2 \cap A_3| \qquad\qquad =$$

$$|A_1| + |A_2| + |A_3| - |A_1 \cap A_2| - |A_1 \cap A_3| - |A_2 \cap A_3| + |A_1 \cap A_2 \cap A_3| \quad .$$

Zwei Beispiele mögen die Anwendung dieses Zähl-Prinzips verdeutlichen   :

a) Eine Fußball-Trainerin findet folgende Situation vor   :

S := Menge aller Spielerinnen im Kader ($S := D \cup F \cup N$, siehe gleich), $|S| := 13$,

D := Menge der Fußballerinnen, welche Verteidigung spielen können, $|D| := 9$,

F := Menge der Fußballerinnen, welche im Sturm spielen können, $|F| := 6$,

N := Menge der Nicht-Spielerinnen (zu schlecht oder verletzt), $|N| := 2$;

M := Menge der Mittelfeld-Spielerinnen (midfielders) $:=_{\text{hier}} D \cap F$,

D_o := Menge der reinen Verteidigerinnen (defenders$_{\text{only}}$)   ,

F_o := Menge der reinen Stürmerinnen (forwards$_{\text{only}}$)   .

Die Trainerin interessiert sich bei der Mannschaftsaufstellung für die Beantwortung der

Frage:

Haben wir genug Mittelfeld-Spielerinnen; wie viele Fußballerinnen können nur hinten in der Verteidigung, wie viele nur vorne als Stürmerinnen eingesetzt werden?

Antwort:

$$
\begin{aligned}
|D \cup F| &= |D| + |F| - |D \cap F| \quad \Longleftrightarrow \\
|D \cap F| &= |D| + |F| - |D \cup F| = 9 + 6 - (|S| - |(D \cup F)^c|) = 15 - (13 - |N|) = 2 + 2 = 4 = |M| \; ; \\
|D_o| &= |D \setminus M| \;=_{[D \supseteq M]}\; |D| - |M| = 9 - 4 = 5 \quad , \\
|F_o| &= |F \setminus M| \;=_{[F \supseteq M]}\; |F| - |M| = 6 - 4 = 2 \quad .
\end{aligned}
$$

Die Torhüterin zählt mit zur „Verteidigung" — das Spiel kann beginnen: $5 + 4 + 2 = 11$.

Die Anzahl der Mittelfeld-Spielerinnen lässt sich aber noch etwas eleganter bestimmen:

$$
\begin{aligned}
|S| &:= |(D \cup F) \cup N| \;=_{\substack{\text{Partition} \\ \text{auf 2. } „\cup"}}\; (|D| + |F| - |D \cap F|) + |N| \quad \Longleftrightarrow \\
|D \cap F| &= |D| + |F| + |N| - |S| = 9 + 6 + 2 - 13 = 4 = |M| \quad .
\end{aligned}
$$

b) Bei der Prüfungsplanung maximal zu erwartender # Klausuren wär's bspw. wie folgt:

DM := Menge der Prüflinge in Diskrete Mathematik; $|DM| := 60$,

FG := Menge der Prüflinge in Formale Grundlagen; $|FG| := 50$,

KI := Menge der Prüflinge in Künstliche Intelligenz; $|KI| := 40$;

$DM \cap FG$:= Menge der Prüflinge, welche in DM und in FG sind; $|DM \cap FG| := 40$,

$DM \cap KI$:= Menge der Prüflinge, welche in DM und in KI sind; $|DM \cap KI| := 30$,

$FG \cap KI$:= Menge der Prüflinge, welche in FG und in KI sind; $|FG \cap KI| := 20$,

$DM \cap FG \cap KI$ $=:$ K $:=$

Menge der Prüflinge, welche alle 3 genannten *K*lausuren mitschreiben; $|K| =: k := 10$.
$S := DM \cup FG \cup KI$ Menge aller Mit-*S*chreiber; $|S| =: s$. Interessant zu wissen ist die

Frage:

Wie viele *S*tudierende schreiben welche Klausur(en) mit:
mindestens 1, genau 2 der 3 möglichen bzw. nur 1 — welche?

Antwort:

$$s \;=\; |DM \cup FG \cup KI| \;=$$
$$|DM| + |FG| + |KI| - (|DM \cap FG| + |DM \cap KI| + |FG \cap KI|) + k \;=$$
$$60 + 50 + 40 - (40 + 30 + 20) + 10 \;=\; 160 - 90 \;=\; 70 \qquad .$$

70 Studierende schreiben demnach mindestens eine Klausur mit.

$$|(DM \cap FG) \setminus K| \quad =_{[DM \cap FG \,\supseteq\, K]} \quad |DM \cap FG| - |K| \;=\; 40 - k \;=\; 30 \quad .$$
$$|(DM \cap KI) \setminus K| \quad =_{[DM \cap KI \,\supseteq\, K]} \quad |DM \cap KI| - |K| \;=\; 30 - k \;=\; 20 \quad .$$
$$|(FG \cap KI) \setminus K| \quad =_{[FG \cap KI \,\supseteq\, K]} \quad |FG \cap KI| - |K| \;=\; 20 - k \;=\; 10 \quad .$$

30 (der 70) Studierende schreiben genau die beiden Klausuren DM und FG, noch 20
Studierende genau DM und KI, und nur 10 Studierende schreiben genau FG und KI.

$$|DM_{\text{exkl.}}| \;=\; |S \setminus (FG \cup KI)| \quad =_{[S \,\supseteq\, FG \cup KI]} \quad s - (|FG| + |KI| - |FG \cap KI|) \;=$$
$$70 - (50 + 40 - 20) \;=\; 0 \qquad .$$
$$|FG_{\text{exkl.}}| \;=\; |S \setminus (DM \cup KI)| \quad =_{[S \,\supseteq\, DM \cup KI]} \quad s - (|DM| + |KI| - |DM \cap KI|) \;=$$
$$70 - (60 + 40 - 30) \;=\; 0 \qquad .$$
$$|KI_{\text{exkl.}}| \;=\; |S \setminus (DM \cup FG)| \quad =_{[S \,\supseteq\, DM \cup FG]} \quad s - (|DM| + |FG| - |DM \cap FG|) \;=$$
$$70 - (60 + 50 - 40) \;=\; 0 \qquad .$$

Niemand hat exakt lediglich nur eine Klausur vor sich; $0 \cdot 3 + (30 + 20 + 10) + k = s$.

5.3   Rekurrenz-Relation

Diese Technik kommt hauptsächlich dann zum Einsatz, wenn man bei Zähl-Problemen
ad-hoc keine geschlossene Form parat hat, man also für einen Eingabe-Fall n nicht
direkt die *Z*ahl $z(n)$ angeben kann, welche das gesuchte Ergebnis des entsprechenden
Zähl-Problems darstellt. Was Einem jedoch bleibt ist die Beobachtung, was bei einer
gewissen Vergrößerung eines Problems passiert, z. B. beim in der Informatik häufig
vorkommenden Verlängern eines Bit-Vektors der Länge $n-1$ um 1 Bit-Position auf n .[9]

Nehmen wir jedoch zunächst die Gaußsche Summen-Formel[10] der einfachsten *arithme-*
tischen Reihe[11] $g(n) := \sum_{i:=1}^{n} i$; die geschlossene Form[12] $g_n = n \cdot (n+1)/2$ sei uns noch

---

[9]Eine solche Erhöhung der Eingabe-Größe um 1 verdoppelt die Anzahl der Kodier-Möglichkeiten
(# verschiedener Zeichen-Ketten) und stellt das Hintergrund-Rauschen für nahezu jedes Beispiel auf
dem Terrain der Bit-Vektoren dar.

[10]aufgaben-mäßig als inkrementelle Formel (hier fortwährend zunehmende Summe) formuliert

[11]mit $a_0 := 0$, $a_i :=_{[i > 0]} a_{i-1} + d_{\underline{\text{Differenz}}}$; $\sum_{i:=0}^{n} a_i = \sum_{i:=1}^{n} a_i = \sum_{i:=1}^{n} d \cdot i = d \cdot (n \cdot (n+1)/2)$

[12]Eingabe n als Index notiert (in o. g. inkrementeller Form n noch als Variable geschrieben)

unbekannt. Wir beobachten aber sehr einfach, dass beim Schritt von $n-1$ nach $n_{[>0]}$ genau n auf $g_{(n-1)}$ addiert wird — also folgende Rekursion gilt :

$$g_n \quad := \quad g_{(n-1)} + n \qquad ;$$

d. h., wir kennen die de-/inkrementelle Konstruktion von g_n.
Dieses Prinzip können wir nun auf diesen Vorgänger-Fall anwenden :

$$g_{(n-1)} \quad := \quad g_{(n-2)} + (n-1) \qquad ,$$

und somit

$$g_n \quad := \quad g_{(n-2)} + (n-1) + n \qquad ,$$

dann

$$g_n \quad := \quad g_{(n-3)} + (n-2) + (n-1) + (n-0) \qquad ,$$

usw. Wie weit zurück können wir diese Vorgänger-Konstruktion(en) bilden? Wir gehen n Schritte zurück, bis zu g_0 $(:= 0)$ und bekommen

$$g_n \quad = \quad 0 + 1 + 2 + 3 + \cdots + (n-2) + (n-1) + n \qquad .$$

Dieser Weg nennt sich „Rückwärts-Ersetzung". Startet man bei

$$g_0 \quad := \quad 0 \qquad ,$$

bildet

$$g_1 \quad := \quad g_{(1-1)} + 1 \quad = \quad g_0 + 1 \quad = \quad 0 + 1 \quad = \quad 1 \qquad ,$$

$$g_2 \quad := \quad g_1 + 2 \quad = \quad 1 + 2 \quad = \quad 3 \qquad ,$$

usw., so landet man natürlich — nach n Schritten — bei der gleichen Summe für g_n; dieses Vorgehen nennt man „Vorwärts-Ersetzung". Unter Vernachlässigung des neutralen Elements der Addition (vorne) fassen wir nun geschickt zusammen: das erste Element, die 1, mit dem letzten Element n, das zweite Element, 2, mit dem zweit-letzten Element $n-1$, das dritte Element, 3, mit dem dritt-letzten Element $n-2$, usw. Dies funktioniert zunächst bis zur Mitte $\lfloor \frac{n}{2} \rfloor$; ist n ungerade, müssen wir $\lceil \frac{n}{2} \rceil$ $einf$ach[13] hinzuaddieren. Wir erhalten :

$$g_n \quad = \quad \sum_{i:=1}^{\lfloor \frac{n}{2} \rfloor} (i + (n - (i-1))) + \begin{cases} 0 & ; \ \texttt{gerade}(n) \\ \\ \lceil \frac{n}{2} \rceil & ; \ \texttt{ungerade}(n) \end{cases} \quad =$$

$$\begin{cases} \sum_{i:=1}^{\frac{n}{2}} (i + n - i + 1) & ; \ \texttt{gerade}(n) \\ \\ \sum_{i:=1}^{\frac{n-1}{2}} (n+1) + \lceil \frac{n}{2} \rceil & ; \ \texttt{ungerade}(n) \end{cases} \quad =$$

---

[13]eben nicht *zwei*fach — was bei ungeradem n passiert, wenn wir in oben folgendem „Wir erhalten" ohne Fall-Unterscheidung der Parität die Summen-Obergrenze gleich nach oben falsch gerundet hätten

$$
\left\{
\begin{array}{lll}
\frac{n}{2} \cdot (n+1) & & ; \; \texttt{gerade}(n) \\[2ex]
\frac{n-1}{2} \cdot (n+1) + \frac{n+1}{2} \; = \; ((n-1)+1) \cdot \frac{n+1}{2} & & ; \; \texttt{ungerade}(n)
\end{array}
\right.
\;\; =
$$

$$
\frac{n \cdot (n+1)}{2} \qquad .
$$

Ein traditioneller Induktions-Beweis würde abschließend die Behauptung bestätigen.

Das Ganze mag bucklig erscheinen — erst recht, wenn uns die Gaußsche Summen-Formel bereits bekannt ist. Wir sind auch erst beim „Warm-up" — um einen Einblick in die prinzipielle Vorgehensweise zu gewinnen.

Es kommt bei praktischen Zähl-Problemen häufig vor, dass man den direkten Ansatz nicht vor Augen hat, jedoch die inkrementelle Struktur durchschaut; und dann ist es hilfreich, die Rekurrenzrelation im Köcher (der Problem-Lösungs-Techniken) zu haben.

Fassen wir die Grund-Bausteine zusammen:

- Schema: ähnlich wie bei inkrementeller Rekursion (Eingabe bzw. Einsicht ⌣)

- Idee: Rekursions-Eliminierung, hin zu einer geschlossenen Formel

- Struktur

  – Basis-Wert
  – Konstruktions-Prinzip
    * aufbauend auf Vorgänger-Wert
    * konstruktiver Schritt (kreativer Teil)
  – Entwicklung/Ersetzung (zwei Alternativen)
    * rückwärts
    * vorwärts

- Beweis (der gefundenen Behauptung — oft per ähnlich gestrickter Induktion).

1. Illustration: n-stelliger Bit-Vektor (Binär-Zeichen-Kette der Länge n)

Wir zählen gern mit z_n die Anzahl Möglichkeiten, dass, ausgehend von n Positionen, an genau einer Stelle das jeweilige Bit *false*[14] (hier als „0" besprochen) ausweist. (Dass es offensichtlich n sind, sei hier zweitrangig; wir nehmen diese Fragestellung nur, um die Grund-Struktur einer Rekurrenz aufzuzeigen.)

Basis-Wert: $z_0 \quad := \quad 0$;

Prinzip : $z_{n_{[>0]}} \quad := \quad z_{(n-1)} + 1$.

---

[14] *true* (also eine „1") würde das gleiche Ergebnis produzieren

Warum? Ein $(n-1)$-stelliger Bit-Vektor kann vorne nur entweder um eine 1 $(:=\textit{true})$ oder eine 0 $(:=\textit{false})$ zu einer n-stelligen Zeichen-Kette erweitert werden. Was passiert, wenn vorne eine 1 ergänzt wird? Dies kann natürlich nicht die gesuchte Anzahl erhöhen, da wir auf das Auftreten einer 0 fokussieren. Was passiert, wenn vorne eine 0 ergänzt wird? Nur im (einzigen) Fall, dass an allen $n-1$ vorherigen Positionen nirgends $\textit{false}$ auftrat (also alle Einträge $\textit{true}$ sind), bildet sich mit einer neuen führenden 0 ein Bit-Vektor der gesuchten Form. (Es wird auch keiner zerstört — bspw. einer, der bereits genau eine 0 auf einer der bisherigen $n-1$ Positionen aufweist, da dieser, wie eben erwähnt, mit einer neuen führenden 1 erhalten bleibt.) Demnach ergibt sich, für $n > 0$:

$$z_n \quad := \quad z_{(n-1)} + \binom{n-1}{0} \quad ,$$

wobei der letzt-genannte Summand, der „Binomial-Koeffizient"[15], hier ausdrückt wie oft bei $n-1$ Bit-Positionen genau 0-mal $\textit{false}$ auftreten kann — von $2^{(n-1)}$ $\textit{boole}$schen Belegungs-Möglichkeiten ist dies genau einmal der Fall (siehe eben genanntes „Prinzip"). Abbildung 5.1 will genau dies illustrieren.

Wir zeigen nun, dass beide Substitutions-Wege zur Formel führen.

- Rückwärts-Ersetzung

$$
\begin{aligned}
z_n \quad &:= \quad z_{(n-1)} + 1 \quad := \quad (z_{(n-2)} + 1) + 1 \\
&= \quad z_{(n-2)} + 2 \quad := \quad (z_{(n-3)} + 1) + 2 \\
&= \quad z_{(n-3)} + 3 \quad := \quad (z_{(n-4)} + 1) + 3 \\
&= \quad z_{(n-4)} + 4 \\
&\quad \vdots \\
&:= \quad z_{(n-n)} + n \\
&= \quad z_0 + n \\
&:= \quad 0 + n \\
&= \quad n \quad\quad ;
\end{aligned}
$$

- Vorwärts-Ersetzung

$$
\begin{aligned}
z_1 \quad &:= \quad z_0 + 1 \quad := \quad 0 + 1 \quad = \quad 1 \\
z_2 \quad &:= \quad z_1 + 1 \quad := \quad 1 + 1 \quad = \quad 2 \\
z_3 \quad &:= \quad z_2 + 1 \quad := \quad 2 + 1 \quad = \quad 3 \\
z_4 \quad &:= \quad z_3 + 1 \quad := \quad 3 + 1 \quad = \quad 4 \\
&\quad \vdots \\
z_n \quad &:= \quad z_{(n-1)} + 1 \quad := \quad (n-1) + 1 \quad = \quad n \quad .
\end{aligned}
$$

---

[15]wird im Unter-Abschnitt 5.4.2 (ab Seite 76) vorgestellt

$$\boxed{0}$$
$$\boxed{1}$$

$$\begin{array}{cc} \boxed{0} & \boxed{0} \\ \boxed{0} & \boxed{1} \\ \boxed{1} & \boxed{0} \\ \boxed{1} & \boxed{1} \end{array}$$

$$\begin{array}{ccc} \boxed{0} & \boxed{0} & \boxed{0} \\ \boxed{0} & \boxed{0} & \boxed{1} \\ \boxed{0} & \boxed{1} & \boxed{0} \\ \boxed{0} & \boxed{1} & \boxed{1} \\ \boxed{1} & \boxed{0} & \boxed{0} \\ \boxed{1} & \boxed{0} & \boxed{1} \\ \boxed{1} & \boxed{1} & \boxed{0} \\ \boxed{1} & \boxed{1} & \boxed{1} \end{array}$$

Abb. 5.1: *Bitmuster-Rekurrenz*

Behauptung: $z_n \ = \ n$ $\left[= \binom{n}{1} \right]$.

Beweis: Induktion über n :

- Basis[16]: $n_0 \ := \ 0$

  – Prinzip: $z_0 \ = \ 0$ [Initial-Wert: $0 \times$ *false*]

  – Formel: $z_0 \ = \ 0$ $\hat{=}$ Prinzip   .

- Hypothese: $z_{(n-1)} \ = \ n - 1$.

---

[16]alternativ: $n_0 \ := \ 1$

– Prinzip : $z_1 \ = \ 1$

– Formel : $z_1 \ = \ 1$

- Schritt: $(n_0 \leq) \ n - 1 \quad \rightarrow \quad n \ (> n_0)$

  - Prinzip: $z_n \quad := \quad z_{(n-1)} + 1 \quad \overset{!}{=} \quad (n-1) + 1 \quad = \quad n$
  - Formel: $z_n \quad = \quad n \qquad\qquad\qquad\qquad\qquad \overset{\wedge}{=} \quad$ Prinzip .

2. Illustration: Anzahl Kanten im vollständigen Graphen mit n Knoten

Wir zählen mit e_n die Anzahl aller ungerichteten Kanten in einem Graphen, in dem jeder der $n_{[>0]}$ Knoten genau $1 \times$ mit jedem der $n-1$ anderen Knoten verbunden ist.

Basis-Wert: $e_1 \quad := \quad 0$ 										;

Prinzip : $e_n \quad := \quad e_{(n-1)} + (n-1)$ 						.

Warum? Ein vollständiger Graph mit $n-1$ Knoten kann bei einer Erweiterung um genau einen Knoten nur dann „vollständig" bleiben, wenn der neue („n.") Knoten, zusätzlich zu den bereits vorhandenen $e_{(n-1)}$ Kanten[17], zu allen schon vorher existierenden $n-1$ Knoten durch je eine weitere Kante angebunden wird. Demnach ergibt sich, für $n > 1$, das soeben dargestellte Konstruktions-Prinzip.

Wir zeigen nun, dass beide Substitutions-Wege zur Formel führen.

- Rückwärts-Ersetzung

$$e_n \quad := \quad e_{(n-1)} + (n-1)$$

$$:= \quad e_{(n-2)} + (n-2) + (n-1)$$

$$:= \quad e_{(n-3)} + (n-3) + (n-2) + (n-1)$$

$$\vdots$$

$$:= \quad e_{(n-(n-1))} + (n-(n-1)) + \cdots + (n-3) + (n-2) + (n-1)$$

$$= \quad e_1 + \sum_{i := 1}^{n-1} i$$

$$:= \quad 0 + \sum_{i := 1}^{n} i - n$$

$$= \quad \frac{n \cdot (n+1)}{2} - \frac{n \cdot 2}{2}$$

$$= \quad \frac{n \cdot ((n+1) - 2)}{2}$$

$$= \quad \frac{n \cdot (n-1)}{2} \qquad\qquad\qquad\qquad ;$$

---
[17]es darf ja keine gelöscht werden

- Vorwärts-Ersetzung

$$e_2 \quad := \quad e_1 + 1 \quad := \quad 0 + 1 \quad = \quad 1$$

$$e_3 \quad := \quad e_2 + 2 \quad := \quad 1 + 2 \quad = \quad 3$$

$$e_4 \quad := \quad e_3 + 3 \quad := \quad 3 + 3 \quad = \quad 6$$

$$\vdots$$

$$e_n \quad = \quad \sum_{i:=0}^{n-1} i \quad \underset{\text{Gauß}}{=}^{\text{laut}} \quad \frac{(n-1)\cdot n}{2}$$

Behauptung: $e_n \ = \ \frac{n\cdot(n-1)}{2}$

Beweis: siehe Unter-Abschnitt 4.1.1, 1. Beispiel (Seite 36)

3. Illustration: Anzahl Kanten im h-dimensionalen Hyper-Würfel mit n_h Knoten

Ein sogenannter „hypercube" der Dimension $h_{[>\,0]}$ mit genau 1 Knoten an jeder der n_h ($= 2^h$) Ecken lässt sich aus seiner Vorgänger-Struktur der Dimension $h-1$ konstruieren, indem zunächst dieses Vorgänger-Gebilde verdoppelt und von jeder Ecke dieses Hyper-„Würfels" der Dimension $h-1$ zur korrespondierenden („gleichen") Ecke seiner eigenen Kopie eine neue Kante gezogen wird — wie in Bild 5.2 ersichtlich. Somit verdoppelt

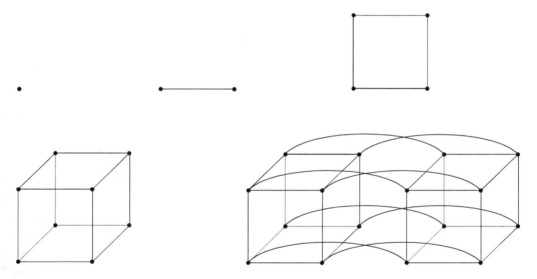

Abb. 5.2: *h-dimensionaler Hyper-Würfel*

sich bei jeder Erhöhung der Dimension die Knoten-Anzahl ($n_h \ = \ 2 \cdot n_{h-1}$); anders ausgedrückt: der Hyper-Würfel der Dimension $h-1$ hat halb so viele Knoten wie der

h-dimensionale: $n_{h-1} = n_h / 2$. Hier möge jedoch, wie im vorherigen Beispiel, die Anzahl der Verbindungen (# „connections" $=: c_h$) interessieren. Der Einfachheit halber fungiert nun aber nicht die Knoten-Anzahl, sondern die Dimension als Parameter der Rekurrenz.

Basis-Wert: c_0 $:=$ 0 ;

Prinzip   : c_h $:=$ $2 \cdot c_{h-1} + n_{h-1}$ $=$ $2 \cdot c_{h-1} + 2^{h-1}$.

Warum? Durch die Erhöhung der Dimension (von $h-1$ nach h) erzeugen wir zunächst eine Kopie eines Hyper-Würfels der Dimension $h-1$ und erhalten hiermit bereits das Doppelte an Kanten; zusätzlich werden ecken-korrespondierend so viele Verbindungen eingezogen, wie die Vorgänger-Struktur Knoten hatte. Dadurch ergibt sich, für $h > 0$, das genannte Rekurrenz-Prinzip.

Wir zeigen nun, dass beide Substitutions-Wege zu einer geschlossenen Formel führen.

- Rückwärts-Ersetzung

$$
\begin{aligned}
c_h \quad &:= \quad 2 \cdot c_{h-1} + 2^{h-1} \\
&:= \quad 2 \cdot (2 \cdot c_{h-2} + 2^{h-2}) + 2^{h-1} \\
&= \quad 4 \cdot c_{h-2} + 2^1 \cdot 2^{h-2} + 2^{h-1} \\
&= \quad 4 \cdot c_{h-2} + 2^{h-1} + 2^{h-1} \\
&:= \quad 4 \cdot (2 \cdot c_{h-3} + 2^{h-3}) + 2 \cdot 2^{h-1} \\
&= \quad 8 \cdot c_{h-3} + 2^2 \cdot 2^{h-3} + 2 \cdot 2^{h-1} \\
&= \quad 8 \cdot c_{h-3} + 1 \cdot 2^{h-1} + 2 \cdot 2^{h-1} \\
&= \quad 2^3 \cdot c_{h-3} + 3 \cdot 2^{h-1} \\
&:= \quad 2^3 \cdot (2 \cdot c_{h-4} + 2^{h-4}) + 3 \cdot 2^{h-1} \\
&= \quad 2^4 \cdot c_{h-4} + 1 \cdot 2^{h-1} + 3 \cdot 2^{h-1} \\
&= \quad 2^4 \cdot c_{h-4} + 4 \cdot 2^{h-1} \\
&\quad \vdots \\
&:= \quad 2^h \cdot c_{h-h} + h \cdot 2^{h-1} \\
&= \quad n_h \cdot c_0 + h \cdot 2^{h-1} \\
&:= \quad h \cdot 2^{h-1} \qquad\qquad ;
\end{aligned}
$$

- Vorwärts-Ersetzung

$$
\begin{aligned}
c_1 \quad &:= \quad 2 \cdot c_0 + 2^0 \quad := \quad 2 \cdot 0 + 2^0 \qquad\qquad\qquad = \quad 1 \cdot 2^0 \\
c_2 \quad &:= \quad 2 \cdot c_1 + 2^1 \quad := \quad 2 \cdot 2^0 + 2^1 \qquad\qquad\qquad = \quad 2 \cdot 2^1 \\
c_3 \quad &:= \quad 2 \cdot c_2 + 2^2 \quad := \quad 2 \cdot 2^2 + 1 \cdot 2^2 \qquad\qquad\quad = \quad 3 \cdot 2^2 \\
c_4 \quad &:= \quad 2 \cdot c_3 + 2^3 := 2 \cdot (3 \cdot 2^2) + 2^3 = 3 \cdot 2^3 + 1 \cdot 2^3 = \quad 4 \cdot 2^3 \\
c_5 \quad &:= \quad 2 \cdot c_4 + 2^4 := 2 \cdot (4 \cdot 2^3) + 2^4 = 4 \cdot 2^4 + 1 \cdot 2^4 = \quad 5 \cdot 2^4 \\
&\quad \vdots \\
c_h \quad &:= \qquad\qquad\qquad\qquad\qquad\qquad\qquad\qquad\qquad h \cdot 2^{h-1}
\end{aligned}
$$

Behauptung: c_h = $h \cdot 2^{h-1}$.

Beweis: Induktion über h $[= \quad \log_2(2^h) \quad =: \overset{\text{logarithmus}}{\underset{\text{dualis}}{}} \quad \mathtt{ld}(n_h)\,]$:

- Basis: h_0 := 0

  - Prinzip: c_0 = 0   [der 0-dimens. Punkt hat keine Verbindung]
  - Formel: c_0 = $0 \cdot \ldots$ = 0 $\hat{=}$ Prinzip   .

- Hypothese: $c_{(h-1)}$ = $(h-1) \cdot 2^{(h-1)-1}$.

- Schritt: $(h_0 \leq)\, h-1$ $\rightarrow$ $h\ (> h_0)$

  - Prinzip: c_h := $2 \cdot c_{h-1} + 2^{h-1}$
    $$\overset{!}{=} \quad 2^1 \cdot ((h-1) \cdot 2^{(h-1)-1}) + 1 \cdot 2^{h-1}$$
    $$= \quad ((h-1)+1) \cdot 2^{h-1}$$
    $$= \quad h \cdot 2^{h-1}$$
  - Formel: c_h = $h \cdot 2^{h-1}$ $\hat{=}$ Prinzip   .

Ergebnis: $c_h(n_h)$ = $\mathtt{ld}(n_h) \cdot 2^h \cdot 2^{-1}$ = $h \cdot n_h / 2$.

Logisch ⌣ : Im h-dimensionalen Hyper-Würfel gehen eigentlich von jeder der n_h Ecken h Kanten ab; da keine dieser gedachten $h \cdot n_h$ Kanten gerichtet ist (eine Verbindung zwischen zwei Ecken existiert nicht 2-fach), wird das gerade erwähnte Produkt halbiert.

4. Illustration: Durchmesser im quadratischen Gitter-Netz mit n Knoten

Der „Durchmesser" eines Graphen ist die Distanz (auf kürzestem Weg) der beiden am weitesten voneinander entfernten Punkte, wobei nur Schritte entlang des gegebenen Kanten-Musters erlaubt sind. Hier liegt nun eine quadratische Gitternetz-Struktur zugrunde. Bild 5.3 zeigt ein (5×5)-Muster: $n_5 := 5^2 = 25$. Allgemein: $n_r := r^2$,

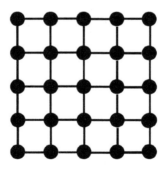

Abb. 5.3: *Gitter-Netz*

$r = \sqrt{n_r}$; wir haben demnach sowohl r Zeilen als auch r Spalten. Dieses r spielt nun sinnigerweise die Rolle des Rekurrenz-Parameters — siehe die hier folgende Erläuterung.

Basis-Wert: d_1 $:=$ 0 ;

Prinzip   : d_r $:=$ $d_{r-1} + 1 \cdot 2$.

Warum? Durch die Hinzunahme je einer weiteren Zeile (von bisher $r-1$ auf jetzt r) und Spalte müssen wir zur vorherigen Distanz je 1 zusätzlichen Schritt in jeder der 2 Dimensionen tätigen. Dadurch ergibt sich, für $r > 1$, das genannte Rekurrenz-Prinzip.

Wir zeigen nun, dass beide Substitutions-Wege zu einer geschlossenen Formel führen.

- Rückwärts-Ersetzung

$$
\begin{aligned}
d_r \quad &:= \quad d_{r-1} + 1 \cdot 2 \\
&:= \quad (d_{r-2} + 1 \cdot 2) + 1 \cdot 2 & &= \quad d_{r-2} + 2 \cdot 2 \\
&:= \quad (d_{r-3} + 1 \cdot 2) + 2 \cdot 2 & &= \quad d_{r-3} + 3 \cdot 2 \\
&:= \quad (d_{r-4} + 1 \cdot 2) + (4-1) \cdot 2 & &= \quad d_{r-4} + 4 \cdot 2 \\
&:= \quad (d_{r-5} + 1 \cdot 2) + (5-1) \cdot 2 & &= \quad d_{r-5} + 5 \cdot 2 \\
&:= \quad (d_{r-6} + 1 \cdot 2) + (6-1) \cdot 2 & &= \quad d_{r-6} + 6 \cdot 2 \\
&\quad\vdots \\
&:= \quad (d_{r-(r-1)} + 1 \cdot 2) + ((r-1)-1) \cdot 2 & &= \quad d_1 + (r-1) \cdot 2 \\
&:= \quad 2 \cdot (r-1) & & \qquad\qquad ;
\end{aligned}
$$

- Vorwärts-Ersetzung

$$
\begin{aligned}
d_2 \quad &:= \quad d_1 + 1 \cdot 2 \quad := \quad 0 + 1 \cdot 2 \quad = \quad 1 \cdot 2 \quad = \quad (2-1) \cdot 2 \\
d_3 \quad &:= \quad d_2 + 1 \cdot 2 \quad := \quad 1 \cdot 2 + 1 \cdot 2 \quad = \quad 2 \cdot 2 \quad = \quad (3-1) \cdot 2 \\
d_4 \quad &:= \quad d_3 + 1 \cdot 2 \quad := \quad 2 \cdot 2 + 1 \cdot 2 \quad = \quad 3 \cdot 2 \quad = \quad (4-1) \cdot 2 \\
d_5 \quad &:= \quad d_4 + 1 \cdot 2 \quad := \quad 3 \cdot 2 + 1 \cdot 2 \quad = \quad 4 \cdot 2 \quad = \quad (5-1) \cdot 2 \\
d_6 \quad &:= \quad d_5 + 1 \cdot 2 \quad := \quad 4 \cdot 2 + 1 \cdot 2 \quad = \quad 5 \cdot 2 \quad = \quad (6-1) \cdot 2 \\
&\quad\vdots \\
d_r \quad &:= \quad d_{r-1} + 1 \cdot 2 \quad = \quad ((r-1)-1) \cdot 2 + 1 \cdot 2 \quad = \quad (r-1) \cdot 2
\end{aligned}
$$

Behauptung: d_r $=$ $2 \cdot (r-1)$.

Beweis: Induktion über r $[= \quad \sqrt{n_r}\,]$:

- Basis: r_0 $:=$ 1

   - Prinzip: d_1 $=$ 0 [keine Nachbar-Zellen: 0 Schritte]
   - Formel: d_1 $=$ $2 \cdot (1-1)$ $=$ 0 $\qquad \hat{=}$ Prinzip   .

- Hypothese: $\quad d_{(r-1)} \quad = \quad 2 \cdot ((r-1) - 1)$ $\qquad\qquad$.

- Schritt: $\quad (r_0 \leq)\, r - 1 \quad \rightarrow \quad r\ (> r_0)$

  - Prinzip: $\quad d_r \quad := \quad d_{r-1} + 1 \cdot 2$
  $$\begin{aligned} &\overset{!}{=} \quad 2 \cdot ((r-1) - 1) + 2 \cdot 1 \\ &= \quad 2 \cdot (((r-1) - 1) + 1) \\ &= \quad 2 \cdot (r - 1) \end{aligned}$$

  - Formel: $\quad d_r \quad = \quad 2 \cdot (r - 1) \qquad\qquad\qquad \hat{=} \quad$ Prinzip $\quad$.

Ergebnis: $\qquad d_r \quad = \quad 2 \cdot (r - 1) \quad = \quad 2 \cdot (\sqrt{n_r} - 1) \quad =: \quad d(n_r) \qquad$.

Man ist ungünstigerweise in einer Ecke und möchte in die diametral liegende; in jeder der beiden Dimensionen sind noch $r-1$ Schritte zu gehen, macht zusammen $2 \cdot (\sqrt{n_r} - 1)$.

Anwendungen $\qquad\qquad$ (zum *Durchmesser* in der aktuellen Illustration):

- Beim Routen einer elektronischen Nachricht auf einer Grid-Architektur kann man sich gut vorstellen, dass das Rekurrenz-Prinzip von Interesse ist: Beim Vergrößern des Netzes um je 1 Spalte und Zeile möge der Netzwerk-Guru die Schritt-Zahl bedenken, die eine Nachricht im „worst case" länger benötigt: 2. Diese Zusatz-Schritt-Anzahl fällt demnach unabhängig der angestrebten Netzwerk-Größe aus.

- Realisiert man in der Spiele-Programmierung auf dem Grid-Tableau die kürzeste Strecken-Länge von einem Feld in einer der 4 Ecken zum am weitesten schräg gegenüber liegenden, so braucht man auf diesem quadratischen Gitternetz mit $r \times r$ Feldern bei optimaler Bedienung d_r Schritte bis zum Ziel-Feld. Uns interessiert nun, bspw. via Rekurrenz zu bekommen, die geschlossene Formel d_r.

5. Illustration: $\qquad$ Anzahl Verbindungen im quadratischen $(r \times r)$-Gitter-Netz

Wie bei der („3.") Illustration im Hyper-Würfel zählen wir die Verbindungen innerhalb einer Netzwerk-Architektur und benutzen wieder die übliche englisch-sprachige Bezeichnung # „connections", zunächst bezogen auf die Eingabe-Größe r, der Spalten- bzw. Zeilen-Anzahl in der gegebenen Matrix; diese Bezugnahme erweitern wir abschließend spielend auf den an r gekoppelten Input-Parameter n_r, die *Knoten*-Anzahl im Netzwerk.

Basis-Wert: $\quad c_0 \quad := \quad 0 \qquad\qquad\qquad\qquad\qquad\qquad\qquad\qquad$;

Prinzip : $\quad c_r \quad := \quad c_{r-1} + 4 \cdot (r - 1) \qquad\qquad\qquad\qquad\qquad$.

Warum? Betrachten wir das vorherige Gitternetz-Bild. Will man eine neue „r." Zeile aufmachen, so muss man zu den bestehenden $r - 1$ Knoten in der Vorgänger-Zeile (die aufgrund der quadratischen Struktur genauso viele Spalten und so diese $r - 1$ Einträge in dieser Zeile hat) je eine Verbindung vertikal ziehen und auf dieser neuen Zeile diese neuen $r - 1$ Knoten horizontal verbinden, was mit $r - 2$ Verbindungen über die Bühne geht. Nun binden wir nur noch den neuen Eck-Knoten in der horizontalen Dimension an. Da das Ganze in einer Dimension symmetrisch zu der anderen ist, gilt es die genannten Operationen schließlich zu verdoppeln — fertig ist, für $r > 0$, das Rekurrenz-Prinzip :

$w :=$ weitere Verbindungen: $w_r = 2 \cdot ((r-1) + (r-2) + 1) = 2 \cdot (2 \cdot r - 2) = 4 \cdot (r-1) =$

$$w(n_r) \qquad\qquad = 4 \cdot \sqrt{n_{r-1}} \ .$$

Wir zeigen nun, dass beide Substitutions-Wege zu einer geschlossenen Formel führen.

- Rückwärts-Ersetzung

$$
\begin{aligned}
c_r \quad &:= \quad c_{r-1} + 4 \cdot (r-1) \\[2mm]
&:= \quad c_{r-2} + 4 \cdot (r-2) + 4 \cdot (r-1) \qquad = \quad c_{r-2} + 8 \cdot r - 12 \\[2mm]
&:= \quad c_{r-3} + 4 \cdot (r-3) + 8 \cdot r - 12 \qquad = \quad c_{r-3} + 12 \cdot r - 24 \\[2mm]
&:= \quad c_{r-4} + 4 \cdot (r-4) + 12 \cdot r - 24 \qquad = \quad c_{r-4} + 16 \cdot r - 40 \\[2mm]
&:= \quad c_{r-5} + 4 \cdot (r-5) + 16 \cdot r - 40 \qquad = \quad c_{r-5} + 20 \cdot r - 60 \\[2mm]
&:= \quad c_{r-6} + 4 \cdot (r-6) + 20 \cdot r - 60 \qquad = \quad c_{r-6} + 24 \cdot r - 84 \\[2mm]
&= \quad c_{r-6} + 4 \cdot 6 \cdot r - 4 \cdot 21 \\[2mm]
&= \quad c_{r-6} + 4 \cdot \left(6 \cdot r - \sum_{i\,:=\,1}^{6} i\right)
\end{aligned}
$$

$$= {}^{z\,:=\,\#\,\text{Zeilen bis zur}}_{\text{Basis}-\text{Zeilen}-\text{Nummer 0}} \quad c_{r-z} + 4 \cdot \left(z \cdot r - \sum_{i\,:=\,1}^{z} i\right)$$

$$= {}^{\text{Summen}-}_{\text{Formel}} \quad c_{r-z} + 4 \cdot (z \cdot r - z \cdot (z+1)\,/\,2)$$

$$= \quad c_{r-z} + 4 \cdot z \cdot \frac{2 \cdot r - (z+1)}{2}$$

$$= \quad c_{r-z} + 2 \cdot z \cdot (2 \cdot r - z - 1)$$

$$\vdots$$

$$:= \quad c_{r-r} + 2 \cdot r \cdot (2 \cdot r - r - 1)$$

$$= \quad c_0 + 2 \cdot r \cdot (r-1)$$

$$:= \quad 0 + 2 \cdot r \cdot (r-1)$$

$$= \quad 2 \cdot r \cdot (r-1) \qquad\qquad\qquad ;$$

- Vorwärts-Ersetzung

$$
\begin{aligned}
c_1 \quad &:= \quad c_0 + 4 \cdot 0 \quad := \quad 0 + 0 \quad = \quad 0 \quad := \quad 4 \cdot 0 \\[2mm]
c_2 \quad &:= \quad c_1 + 4 \cdot 1 \quad := \quad 0 + 4 \quad = \quad 4 \quad = \quad 4 \cdot 1 \\[2mm]
c_3 \quad &:= \quad c_2 + 4 \cdot 2 \quad := \quad 4 + 8 \quad = \quad 12 \quad = \quad 4 \cdot 3
\end{aligned}
$$

$$c_4 \quad := \quad c_3 + 4 \cdot 3 \quad := \quad 12 + 12 \quad = \quad 24 \quad = \quad 4 \cdot 6$$

$$c_5 \quad := \quad c_4 + 4 \cdot 4 \quad := \quad 24 + 16 \quad = \quad 40 \quad = \quad 4 \cdot 10$$

$$c_6 \quad := \quad c_5 + 4 \cdot 5 \quad := \quad 40 + 20 \quad = \quad 60 \quad = \quad 4 \cdot 15$$

$$:= \quad 4 \cdot \sum_{i:=0}^{6-1} i$$

$$\vdots$$

$$c_r \quad := \quad 4 \cdot \sum_{i:=1}^{r-1} i$$

$$\overset{\text{laut}}{\underset{\text{Gauß}}{=}} \quad 4 \cdot \frac{(r-1) \cdot r}{2}$$

$$= 2 \cdot r \cdot (r-1)$$

Behauptung: $\quad c_r \quad = \quad 2 \cdot r \cdot (r-1)$

Beweis: Induktion über $r \quad [= \quad \sqrt{n_r}\,]$

- Basis: $\quad r_0 \quad := \quad 0$

  - Prinzip: $\quad c_0 \quad = \quad 0 \quad$ [keine (Computer-)Zeile/Spalte, keine Vernetzung]
  - Formel: $\quad c_0 \quad = \quad 2 \cdot 0 \cdot (\ldots) \quad = \quad 0 \qquad \hat{=} \qquad$ Prinzip $\quad$.

- Hypothese: $\quad c_{(r-1)} \quad = \quad 2 \cdot (r-1) \cdot ((r-1)-1)$ $\quad$.

- Schritt: $\quad (r_0 \leq)\, r-1 \quad \to \quad r\, (> r_0)$

  - Prinzip: $\quad c_r \quad := \quad c_{r-1} + 4 \cdot (r-1)$
    $$\overset{!}{=} \quad 2 \cdot (r-1) \cdot ((r-1)-1) + 4 \cdot (r-1)$$
    $$= \quad 2 \cdot (r-1) \cdot ((r-2)+2)$$
    $$= \quad 2 \cdot (r-1) \cdot r$$
  - Formel: $\quad c_r \quad = \quad 2 \cdot r \cdot (r-1) \qquad \hat{=} \qquad$ Prinzip $\quad$.

Ergebnis: $\quad c_r \quad = \quad 2 \cdot (r^2 - r) \quad = \quad 2 \cdot (n_r - \sqrt{n_r}) \quad =: \quad c(n_r) \quad$.

Anwendung $\qquad$ (der Verbindungs-Anzahl bezogen auf beide Parameter r und n_r):

Beim Entwurf einer Grid-Architektur ist der funktionale Zusammenhang zwischen der Zeilen-/Spalten-Anzahl r bzw. der Anzahl n_r an Computern und dem Vernetzungs-Aufwand c_r bzw. $c(n_r)$ interessant — welcher sich bzgl. des Parameters r quadratisch und bezogen auf den Parameter n_r linear darstellt. Ist das Netzwerk in Betrieb, stellt sich üblicherweise im Laufe der Zeit für den Netzwerk-Guru die Frage nach den Zusatz-Kosten bei einer notwendigen Erweiterung: Wie viele Kabel benötigen wir zusätzlich, wenn an das bisherige Gitter-Netz je eine neue Zeile und Spalte angeflanscht werden sollen? Von der prinzipiellen Größenordnung her kommen in Bezug auf die Zeilen-/Spalten-Anzahl linear viele Kabel, bzgl. der Computer-Anzahl „wurzel-mäßig" viele Kabel hinzu.

Beispiel:

Eingabe-Wert: $r - 1 := 5$

Ausgabe-Art: direkt über die geschlossene Formel:

$$c_{r-1} \;=\; 2 \cdot (r-1) \cdot ((r-1) - 1) \;=\; 2 \cdot 5 \cdot (5-1) \;=\; 10 \cdot 4 \;=\; 40 \;=\; c_5$$

Eingabe-Wert: $n_{r-1} := 5^2 = 25$

Ausgabe-Art: direkt über die geschlossene Formel:

$$c(n_{r-1}) \;=\; 2 \cdot (n_{r-1} - \sqrt{n_{r-1}}) \;=_{:= 5}^{r-1}\; 2 \cdot (25 - \sqrt{5^2}) \;=\; 2 \cdot 20 \;=\; 40 \;=\; c(n_5)$$

Eingabe-Werte: c_{r-1} und $r := (r-1) + 1 := (6-1) + 1 = 6$

Ausgabe-Art: rekursiv über die Rekurrenz-Relation:

$$c_r \;=\; c_{r-1} + \underline{4 \cdot (r-1)} \;=\; c_{6-1} + 4 \cdot (6-1) \;=\; c_5 + 4 \cdot 5 \;=\; 40 + 20 \;=\; 60 \;=\; c_6$$

Es ging um den linearen Zuwachs; die absolute Verbindungs-Anzahl gäbe es auch direkt:

$$c_6 \;=\; 2 \cdot 6 \cdot (6-1) \;=\; 60.$$

Eingabe-Werte: $c(n_{r-1})$ und $r := (r-1) + 1 := (6-1) + 1 = 6$

Ausgabe-Art: rekursiv über die Rekurrenz-Relation:

$$c(n_r) \;=\; c(n_{r-1}) + \underline{4 \cdot \sqrt{n_{r-1}}} \;=\; c(n_{6-1}) + 4 \cdot \sqrt{n_{6-1}} \;=\; c(n_5) + 4 \cdot \sqrt{n_5} \;=$$
$$40 + 4 \cdot 5 \;=\; 60 \;=\; c(n_6)$$

Es ging um den wurzelmäßigen Zuwachs; die absolute Kabel-Anzahl gäbe es auch direkt:

$$c(n_6) \;=\; 2 \cdot (n_6 - \sqrt{n_6}) \;=\; 2 \cdot (6^2 - 6) \;=\; 60.$$

6. Illustration: Knoten-Zuwachs auf einer quadratischen Gitternetz-Architektur

Wir verweilen auf dem Verbindungs-Muster der zwei vorherigen Illustrationen. Haben wir r Zeilen (und auch Spalten), so gibt $r^2 =: n_r$ die dazugehörige Anzahl Knoten an, wobei wir die Knoten jetzt als Pixel interpretieren. Wir kennen bereits den quadratischen Zusammenhang zwischen der Knoten-Anzahl n_r und dem Zeilen-/Spalten-Parameter r $(= \sqrt{n_r})$. Hier interessieren wir uns für das Rekurrenz-Prinzip an sich — um wie viele Knoten ein existierendes Pixel-Muster bestehend aus $r-1$ Zeilen (bzw. Spalten) durch Aufstockung um eine weitere Zeile und Spalte knoten-mäßig anwächst. (Dies geht anders[18] schneller als nun im Folgenden gezeigt; interessant ist jedoch, wie sich die Rekurrenz auch hier als hilfreich erweist.) Vom Prinzip her ist es doch so, dass mit einer neuen Zeilen-Nummer r (> 0) und dieser neuen Spalten-Nummer r prinzipiell jedes Mal genauso viele Knoten hinzukommen $(2 \cdot r)$; damit der gemeinsame neue Eck-Knoten nicht doppelt gezählt wird, müssen wir aber 1 abziehen, demnach: $n_r := n_{r-1} + 2 \cdot r - 1$. Wir testen nun diese Idee hinsichtlich der Differenz zweier Knoten-Anzahlen, bei denen die Zeilen-/Spalten-Nummer um 1 differiert, mit diesem Rekurrenz-Prinzip — und überprüfen dabei, ob die quadratische Struktur erhalten bleibt. (Dies ist aufwändig, aber ich will diese weitere Möglichkeit ja nur in den Köcher der Zähl-Techniken legen.)

Basis-Wert: $n_0 := 0$;

Prinzip : $n_r := n_{r-1} + 2 \cdot r - 1$.

Warum? Jede Dimension liefert zunächst r Knoten, den Eck-Knoten aber nicht doppelt.

Wir zeigen nun, dass beide Substitutions-Wege zu der bekannten Formel führen.

- Rückwärts-Ersetzung

$$
\begin{aligned}
n_r &:= n_{r-1} + 2 \cdot r - 1 \\
&:= n_{r-2} + 2 \cdot (r-1) - 1 + 2 \cdot r - 1 &= n_{r-2} + 4 \cdot r - 4 \\
&:= n_{r-3} + 2 \cdot (r-2) - 1 + 4 \cdot r - 4 &= n_{r-3} + 6 \cdot r - 9 \\
&:= n_{r-4} + 2 \cdot (r-3) - 1 + 6 \cdot r - 9 &= n_{r-4} + 8 \cdot r - 16 \\
&:= n_{r-5} + 2 \cdot (r-4) - 1 + 8 \cdot r - 16 &= n_{r-5} + 10 \cdot r - 25 \\
&\stackrel{z := \#\text{Zeilen}}{:=}_{\text{bis zur Basis-Zeilen-Nummer 0}} & n_{r-z} + (2 \cdot z) \cdot r - z^2 \\
&\ \vdots \\
&:= n_{r-r} + 2 \cdot r^2 - r^2 \\
&= n_0 + r^2 \\
&= 0 + r^2 \\
&= r^2 & ;
\end{aligned}
$$

---

[18] $n_r = n_{r-1} + x \iff x = n_r - n_{r-1} = r^2 - (r-1)^2 = r^2 - (r^2 - 2r + 1) = r^2 - r^2 + 2r - 1 = 2r - 1$

- Vorwärts-Ersetzung

$$n_1 \;:=\; n_0 + 2\cdot 1 - 1 \;=\; 0 + 1 \;=\; 1$$
$$n_2 \;:=\; n_1 + 2\cdot 2 - 1 \;=\; 1 + 3 \;=\; 4$$
$$n_3 \;:=\; n_2 + 2\cdot 3 - 1 \;=\; 4 + 5 \;=\; 9$$
$$n_4 \;:=\; n_3 + 2\cdot 4 - 1 \;=\; 9 + 7 \;=\; 16$$
$$n_5 \;:=\; n_4 + 2\cdot 5 - 1 \;=\; 16 + 9 \;=\; 25$$
$$\vdots$$
$$n_r \qquad\qquad\qquad\qquad\; = \; r^2$$

Behauptung: $\quad n_r \;=\; r^2$

Beweis: Induktion über $r \quad [= \;\; \sqrt{n_r}\,]$

- Basis: $\;r_0 \;:=\; 0$
    - Prinzip: $n_0 \;=\; 0$ [keine Zeilen, keine (Pixel-)Knoten vorhanden]
    - Formel: $n_0 \;=\; 0^2 \;=\; 0 \qquad\qquad \hat{=} \quad$ Prinzip
- Hypothese: $\;n_{(r-1)} \;=\; (r-1)^2$
- Schritt: $\;(r_0 \le)\, r-1 \;\rightarrow\; r\,(> r_0)$
    - Prinzip: $n_r \;:=\; n_{r-1} + 2\cdot r - 1$
    $$\overset{!}{=} \; (r-1)^2 + 2\cdot r - 1$$
    $$= \; r^2 - 2\cdot r + 1 + 2\cdot r - 1$$
    $$= \; r^2$$
    - Formel: $n_r \;=\; r^2 \qquad\qquad\qquad \hat{=} \quad$ Prinzip

Fazit: In der Tat haben wir für's Vergrößern eines Grids die richtige Rekurrenz gefunden.

Beispiel: \qquad\qquad Computer-Monitor, Fernseh-Bildschirm, Mobil-Display.

Wir gehen von einer bisher benutzten Zeilen- (und Spalten-)Anzahl $r_a :=_{\text{hier}} 1.024$ aus, womit uns eine (1.024×1.024)-Pixel-Matrix zur Verfügung steht.

Frage:

Wie viele weitere Pixel gewinnen wir, wenn wir die Zeilen-/Spalten-Anzahl um 1 erhöhen?

Antwort:

Sei $r_e := r_a + 1$, $w := n_{r_e} - n_{r_a}$.
Die Rekurrenz-Vorschrift $n_{r_e} := n_{r_a} + w$ liefert uns die gesuchte Anzahl Zusatz-Pixel:

$$w \;:=\; n_{r_e} - n_{r_a}$$

$$:= \quad n_{(r_a+1)} - n_{r_a}$$

$$:= \quad n_{r_a} + 2 \cdot r_e - 1 - n_{r_a}$$

$$= \quad 2 \cdot r_e - 1$$

$$:= \quad 2 \cdot (r_a + 1) - 1$$

$$= \quad 2 \cdot (1.024 + 1) - 1 \quad = \quad 2.050 - 1 \quad = \quad 2.049 \qquad .$$

Es gilt selbstverständlich: $\qquad 1.024^2 + 2.049 \quad = \quad 1.025^2 \qquad$ (keine Fußnote $\smile$) $\qquad .$

Dieser Blick auf das Rekurrenz-Prinzip ist eher ungewöhnlich; er soll hier lediglich ergänzend angeboten werden. Hier war der Gag der Rekurrenz die inkrementelle Struktur an sich, also der nächste Schritt, relativ bzgl. einer vorliegenden Situation; das Inkrement war linear: $w_{r_e} := 2 \cdot r_e - 1$. Üblicherweise strebt man weitergehend einen absoluten funktionalen Zusammenhang an, der hier quadratischer Natur ist: $n(r) = r^2$.

7. Illustration: $\hfill$ Anzahl Bijektionen bei n Elementen

Wir zählen hier mit b_n die Anzahl verschiedener *Bijektionen* aus einer n-elementigen Definitions-Menge in eine entsprechende (selbstverständlich gleich-große) Werte-Menge.

Basis-Wert: $\quad b_1 \quad := \quad 1$ $\hfill ;$

Prinzip : $\quad b_n \quad := \quad b_{(n-1)} \cdot n$ $\hfill .$

Warum? Eine Bijektion bedeutet, dass nicht nur jedes Element aus der Ausgangs-Menge genau ein Element aus der Ziel-Menge zugewiesen bekommt, sondern unterschiedliche Ausgangs-Werte auch unterschiedliche Ziel-Werte erhalten sowie alle zur Verfügung stehenden Werte aus der Ziel-Menge tatsächlich ausgewählt werden. Da natürlich beide Mengen gleich groß sind, entspricht diese Funktion einfach einer ganz speziellen Reihenfolge der Ziel-Elemente. Jede dieser möglichen Reihungen stellt eine andere Abbildung dar. Es geht um die Anzahl Möglichkeiten, die Ziel-Objekte verschiedenartig ansteuern zu können. Gab es bei einer Menge mit $n-1$ Elementen b_{n-1} Reihungen, so hat das neue („n.") Element n verschiedene Möglichkeiten, genau eines der nun n Ziel-Elemente auszuwählen — ungeachtet der möglichen Permutationen[19] unter $n-1$ Elementen. Da dies multiplikativ zu sehen ist, ergibt sich, für $n > 1$, das dargestellte Konstruktions-Prinzip.

Wir zeigen nun, dass beide Substitutions-Wege zur Formel führen.

- Rückwärts-Ersetzung

$$b_n \quad := \quad b_{(n-1)} \cdot n$$

$$:= \quad b_{(n-2)} \cdot (n-1) \cdot n$$

$$:= \quad b_{(n-3)} \cdot (n-2) \cdot (n-1) \cdot n$$

$$\vdots$$

---

[19]siehe Unter-Abschnitt 5.4.1, in dem auch das folgende „Fakultät"-Zeichen „!" erläutert wird

$$:= \quad b_{(n-(n-1))} \cdot (n-(n-2)) \cdot \ldots \cdot (n-2) \cdot (n-1) \cdot n$$

$$= \quad b_1 \cdot \prod_{i\,:=\,2}^{n} i$$

$$:= \quad 1 \cdot \prod_{i\,:=\,2}^{n} i$$

$$= \quad \prod_{i\,:=\,1}^{n} i$$

$$=: \quad n! \qquad\qquad\qquad\qquad ;$$

- Vorwärts-Ersetzung

$$b_2 \quad := \quad b_1 \cdot 2 \quad := \quad 1 \cdot 2 \quad = \quad 2$$

$$b_3 \quad := \quad b_2 \cdot 3 \quad := \quad 2 \cdot 3 \quad = \quad 6$$

$$b_4 \quad := \quad b_3 \cdot 4 \quad := \quad 6 \cdot 4 \quad = \quad 24$$

$$\vdots$$

$$b_n \quad = \quad \prod_{i\,:=\,1}^{n-1} i \cdot n$$

$$= \quad \prod_{i\,:=\,1}^{n} i$$

$$=: \quad n! \qquad\qquad\qquad\qquad .$$

Behauptung: $b_n \quad = \quad n!$.

Beweis: Induktion über n :

- Basis: $n_0 \quad := \quad 1$
  - Prinzip: $b_1 \quad = \quad 1$ [das einzige Element kann man nur $1 \times$ auswählen]
  - Formel: $b_1 \quad = \quad 1! \quad = \quad 1$ $\hat{=}$ Prinzip   .
- Hypothese: $b_{(n-1)} \quad = \quad (n-1)!$.
- Schritt: $(n_0 \leq) \, n-1 \quad \rightarrow \quad n \, (> n_0)$
  - Prinzip: $b_n \quad := \quad n \cdot b_{n-1}$
    $$\overset{!}{=} \quad n \cdot (n-1)!$$
    $$= \quad n!$$
  - Formel: $b_n \quad = \quad n!$ $\hat{=}$ Prinzip   .

5.4 Reihenfolgen und Auswahlen

5.4.1 Permutationen

Hier geht es um die Anzahl verschiedener Reihenfolgen von n Objekten; sind alle n verschieden, bietet sich folgende Überlegung an: Objekt 1 hat natürlich nur 1 Reihenfolge. Objekt 2 kann vor das erste oder hinter das erste Objekt platziert werden: $1 \cdot 2 = 2$. Objekt 3 kann vor's erste, vor's zweite oder hinter's zweite gesetzt werden, unabhängig der 2 Möglichkeiten der Platzierung dieser zwei anderen Objekte — also $2 \cdot 3 = 6$. Objekt 4 kann vor's erste, vor's zweite, vor's dritte oder hinter's dritte gelegt werden, unabhängig der 6 Möglichkeiten der Platzierung dieser drei anderen Objekte, demnach $6 \cdot 4 = 24$, usw. Das gesuchte Ergebnis ergibt sich somit per inkrementellem Produkt:

$$1 \cdot 2 \cdot 3 \cdot \ldots \cdot n \quad =: \quad \prod_{i:=1}^{n} i \quad =: \quad n!$$

— genannt „n Fakultät". (Ein einfacher Induktions-Beweis würde dies leicht bestätigen.) Dabei gilt $0! = 1$, da $(n-1)! = n!/n_{[>0]}$. Die nächsten 7 Fälle sollte man auch noch parat haben, zur Not via $n! := (n-1)! \cdot n_{[>0]}: \ldots, 7! = 5040$. Die Fakultät liefert früh große Werte; diese Funktion wächst gar exponentiell, was einfach zu sehen ist und sich ebenso locker beweisen ließe.[20] So ist bspw. $13!$ bereits $6.227.020.800$ und $69! > 10^{98}$.

Wie sieht es aus, wenn man nur irgendwelche k Objekte permutiert (verschieden stellt)? Diese Zahl nennt man *Permutations-Koeffizient* :

$$P(n,k) \quad = \quad \frac{n!}{(n-k)!} \qquad ,$$

da es auf die verschiedenen Platzierungen der restlichen $n - k$ Objekte nicht ankommt.

Eine andere Bezeichnung hierfür ist die *fallende Faktorielle* von n auf k :

$$n^{\underline{k}} \quad = \quad \frac{n!}{(n-k)!} \quad = \quad \frac{(n-k)! \cdot \prod_{i:=1}^{k}(n-k+i)}{(n-k)!} \quad = \quad \prod_{i:=0}^{k-1}(n-i) \quad .$$

Wie $P(n,k)$ zur Lösung von Aufgaben beiträgt, mögen folgende vier Beispiele aufzeigen:

1. In einer aus $n_{[\geq 3]}$ Mitgliedern bestehenden Organisation sind 3 Funktions-Träger-Innen zu wählen, sagen wir Präsident/in, Vize-Präsi und Geschäftsführer/in. Der Gesellschaft soll es vorbehalten bleiben, dass die 3 Personen mit den meisten Stimmen die konkrete Besetzung der Funktionen unter sich ausmachen.

   Frage: Wie viele Möglichkeiten gibt es zur Zusammenstellung des Führungs-Trios?

   Antwort: $P(n,3)$ $[= (n-2) \cdot (n-1) \cdot n]$.

---

[20] $n! = \prod_{i:=1}^{n} i \quad >_{[n \geq 4]} \quad \prod_{i:=1}^{n} 2 = 2^n$; links wächst der Faktor weiter — rechts nicht.

2. Ein Klausur-Raum mit n Stühlen wird von k Studierenden geentert.

Frage: Wie viele Sitz-Ordnungen sind möglich   ?

Antwort: $P(n, k)$.

3. Es geht um eine einfache Konstruktion eines aus 2 Teilen bestehenden Codes: für den vorderen Teil („Präfix") sollen aus n_1 Ziffern k_1 verschiedene ausgewählt werden, und für den hinteren Teil („Suffix") wähle man aus n_2 Buchstaben k_2 verschiedene aus.

Frage: Wie viele gültige Kennwörter stehen zur Verfügung   ?

Antwort: $P(n_1, k_1) \cdot P(n_2, k_2)$.

4. Gegeben zwei endliche Mengen mit deren Kardinalitäten $|D| =: k$ sowie $|C| =: n$.

Frage: Wie viele Injektionen $\smile$ von D nach C sind möglich   ?

Antwort: $P(n, k)$.

Illustration:[21]

Ausgehend von k Elementen in der Definitions-Menge („domain") D werden k Elemente in der potenziellen Werte-Menge („co-domain") C getroffen; dazu gibt es $\binom{n}{k}$ Möglichkeiten.[22] Belegt man in jeder dieser Konfigurationen die gewählten k Objekte ($\in C$) mit einer Platzierungs-Nummer $(1, \dots, k)$ und bringt sie gedanklich in jede beliebige Reihenfolge (entspricht jeweils einer Funktion), so gibt es dafür $k!$ Möglichkeiten — macht insgesamt[23]   :

$$\binom{n}{k} \cdot k! \;=\; \frac{n!}{(n-k)! \cdot k!} \cdot k! \;=\; \frac{n!}{(n-k)!} \;=\; P(n, k) \qquad .$$

Die letzte Bruch-Notation lässt sich auch unmittelbar erklären: Der Zähler ist klar: $n!$ potenzielle Reihungen der n Elemente in C. Da nur k beteiligt sind, treten $n - k$ nicht in Erscheinung — und damit auch nicht ihre Um-Ordnungen, d. h. 1 Repräsentant reicht als Vertreter dieser $(n - k)!$ Nicht-Möglichkeiten, womit wir beim Nenner angelangt wären. In Schul-Sprache ausgedrückt könnte man ergänzen: Da das Ganze keine „Strich-"[24] sondern eine „Punkt-"Aufgabe[25] ist, wird tendenziell nichts abgezogen sondern $n!$ durch $(n-k)!$ dividiert. Diese Bruch-Schreibweise entspricht dem Permutations-Koeffizienten $P(n, k) \quad \left[= n^{\underline{k}} \right]$.

Testen wir zum Abschluss der Betrachtung von $P(n, k)$ noch dessen Spezial-Fall $P(n, n)$, die Anzahl verschiedener Anordnungen aller n [$=: k$] Objekte — ergibt # Bijektionen.

Frage: Gilt $P(n, n) \;=\; n!$?

Antwort: Ja   !

---

[21] Die anderen 3 o. g. Szenarien sind offensichtlich — hier die Darlegung der # injektiver Abbildungen.

[22] Der vertikale Klammer-Ausdruck („Binomial-Koeffizient") wird, wie vorher erwähnt, im Unter-Abschnitt 5.4.2 (ab Seite 76) detailliert vorgestellt; er bedeutet (hier): aus n Elementen k auszuwählen.

[23] siehe die vorangegangene Fußnote 22

[24] „+" bzw. „−"

[25] „·" bzw. „:"

Illustration:

$$P(n,n) \quad = \quad n^{\underline{n}} \quad = \quad \frac{n!}{(n-n)!} \quad = \quad n! \qquad .$$

$$P(n,n) \quad = \quad \prod_{i:=1}^{n} (n-n+i) \quad = \quad \prod_{i:=1}^{n} i \quad = \quad n! \qquad .$$

$$P(n,n) \quad = \quad \prod_{i:=0}^{n-1} (n-i) \quad = \quad n \cdot (n-1) \cdot (n-2) \cdot \ldots \cdot 1 \quad = \quad n! \qquad .$$

Kommen wir nun zur *steigenden Faktoriellen* von k auf n :

$$n^{\overline{k}} \quad := \quad \prod_{i:=0}^{k-1} (n+i) \qquad .$$

Wir testen hier nur den Spezial-Fall $1^{\overline{n}}$, das Produkt aller 1-Nachfolger bis hoch zu n.

Frage: Gilt $\quad 1^{\overline{n}} = n!$?

Antwort: Ja   !

Illustration:

$$1^{\overline{n}} \quad = \quad \prod_{i:=0}^{n-1} (1+i) \quad = \quad \prod_{i:=1}^{n} i \quad = \quad n! \qquad [\quad = \quad n^{\underline{n}}] \qquad .$$

Interessant zu wissen ist noch die Lösung folgender Fragestellung:

Wie viele sichtbar verschiedene *Anordnungen* von n Objekten gibt es, wenn einige gleich sind — wenn gar mehrere verschiedene Gruppen jeweils identischer Objekte existieren?

Wir hätten k_1 Objekte des Typs 1, k_2 des Typs 2, k_3 des Typs 3, usw., k_j des Typs j; $\sum_{i:=1}^{j} k_i =: n$.   Dann bringt uns folgende Überlegung die gesuchte Lösung   :

$$a_{n,(k_1,\ldots,k_j)} \quad = \quad \frac{(\sum_{i:=1}^{j} k_i)!}{k_1! \cdot \ldots \cdot k_j!} \quad = \quad \frac{n!}{\prod_{i:=1}^{j} (k_i!)} \qquad .$$

Die Erläuterung des Bruches läuft ähnlich wie im 4. Anwendungs-Beispiel von $P(n,k)$ auf Seite 74 bei der Darlegung der # injektiver Abbildungen; hier reicht nun jeweils 1 Repräsentant jeden Typs i ($1 \leq i \leq j$) als Vertreter für die jeweiligen $k_i!$ nicht-verschiedenen Anordnungen, weshalb man $n!$ durch alle $k_i!$ durch-dividiert.

Folgende drei Beispiele wenden die genannte Formel an   :

1.

$$a_{3,(2,1)} \quad = \quad \frac{3!}{2! \cdot 1!} \quad = \quad \frac{2! \cdot 3}{2! \cdot 1} \quad = \quad 3 \quad ; \qquad \text{Illustration}:$$

$$|\{(true, true, false), (true, false, true), (false, true, true)\}| \quad = \quad 3 \quad .$$

2.

$$a_{4,(2,1,1)} \quad = \quad \frac{4!}{2! \cdot 1!^2} \quad = \quad \frac{2! \cdot 3 \cdot 4}{2! \cdot 1} \quad = \quad 12 \quad ; \quad \text{Illustration}:$$

$$|\{AABC, AACB, ABAC, ACAB, ABCA, ACBA,$$
$$BAAC, CAAB, BACA, CABA, BCAA, CBAA\}| \quad = \quad 12 \quad .$$

3.

$$a_{5,(2,3)} \quad = \quad \frac{5!}{2! \cdot 3!} \quad = \quad \frac{3! \cdot 4 \cdot 5}{3! \cdot 2 \cdot 1} \quad = \quad 10 \quad ; \qquad \text{Illustration}:$$

$$|\{(b,b,g,g,g), (b,g,b,g,g), (b,g,g,b,g), (b,g,g,g,b), (g,b,b,g,g),$$
$$(g,b,g,b,g), (g,b,g,g,b), (g,g,b,b,g), (g,g,b,g,b), (g,g,g,b,b)\}| = 10.$$

Testen wir abschließend den Spezial-Fall, dass alle n untereinander verschieden sind :

Frage: Gilt $a_{n,(k_1,\ldots,k_n)} = n!$?

Antwort: Ja   !

Illustration:

$$a_{n,(k_1,\ldots,k_n)} \quad = \quad \frac{n!}{\prod_{i:=1}^{n}(k_i!)} \quad = \quad \frac{n!}{1!^n} \quad = \quad n! \qquad .$$

5.4.2   Kombinationen

Hier geht es um die Anzahl verschiedener Auswahlen von k aus n Objekten, also wie viele k-elementige Teilmengen sich aus einer n-elementigen Grundmenge bilden lassen[26] — # verschiedener Kombinationen[27]; dies wird durch den *Kombinations-Koeffizienten* $C(n, k)$ ausgedrückt. Der geläufigere Name lautet: „Binomial-Koeffizient" — gesprochen „n über k"; mathematisch ergibt er sich wie folgt   :

$$\binom{n}{k} \quad = \quad \frac{n!}{k! \cdot (n-k)!} \qquad \left[= \quad \begin{cases} 0 & ; \; n < k \quad \text{(definiert)} \\ 1 & ; \; (n = k) \vee (n \geq k = 0) \end{cases} \right] .$$

Der Unterschied zu bzw. Zusammenhang mit $P(n, k)$ ist offensichtlich: Hier kommt es nicht auf die Reihenfolge der gewählten k Objekte an, weshalb wieder 1 Repräsentant

---

[26]„# k-Teilmengen einer n-Menge"
[27]engl.: combinations

als Vertreter dieser $k!$ möglichen Reihungen ausreicht — was man dadurch erreicht, indem man den Permutations-Koeffizienten durch genau diese $k!$ dividiert :

$$C(n,k) \quad = \quad \frac{P(n,k)}{k!} \qquad .$$

Folgende Überlegung lässt die Ausrechnung im unteren Zahlenbereich etwas handlicher ausfallen; dazu setzen wir $m := \mathtt{max}(k, n-k)$ und schreiben wie folgt :

$$\binom{n}{k} \quad = \quad \frac{m! \cdot (m+1) \cdot (m+2) \cdot \ldots \cdot n}{m! \cdot \mathtt{min}(k, n-k)!} \quad = \quad \frac{\prod_{i:=1}^{n-m}(m+i)}{\mathtt{min}(k, n-k)!} \qquad .$$

Folgende vier Beispiele wenden die genannte Formel an :

1.

$$\binom{4}{2} \quad = \quad \left[\frac{\mathtt{max}(2, 4-2)! \cdot (2+1) \cdot (2+(4-2))}{\mathtt{max}(2,2)! \cdot \mathtt{min}(2,2)!} \quad = \right]$$

$$\frac{\prod_{i:=1}^{4-2}(2+i)}{2!} \quad = \quad \frac{3 \cdot 4}{2} \quad = \quad \frac{3 \cdot 2 \cdot 2}{2} \quad = \quad 6 \qquad ;$$

$$\mathtt{anstatt:} \quad \binom{4}{2} \quad = \quad \frac{4!}{2! \cdot 2!} \quad = \quad \frac{24}{2 \cdot 2} \quad = \quad \frac{24}{4} \quad = \quad 6 \qquad .$$

2.

$$\binom{7}{3} \quad = \quad \left[\frac{\mathtt{max}(3, 7-3)! \cdot (4+1) \cdot (4+2) \cdot (4+(7-4))}{\mathtt{max}(3,4)! \cdot \mathtt{min}(3,4)!} \quad = \right]$$

$$\frac{\prod_{i:=1}^{7-4}(4+i)}{3!} \quad = \quad \frac{5 \cdot 6 \cdot 7}{6} \quad = \quad 35 \qquad ;$$

$$\mathtt{anstatt:} \quad \binom{7}{3} \quad = \quad \frac{7!}{3! \cdot 4!} \quad = \quad \frac{5040}{6 \cdot 24} \quad = \quad \frac{5040}{144} \quad = \quad \ldots \quad = \quad 35 .$$

3.

$$\binom{9}{4} \quad = \quad \left[\frac{\mathtt{max}(4, 9-4)! \cdot (5+1) \cdot (5+2) \cdot (5+3) \cdot (5+(9-5))}{\mathtt{max}(4,5)! \cdot \mathtt{min}(4,5)!} \quad = \right]$$

$$\frac{\prod_{i:=1}^{9-5}(5+i)}{4!} \quad = \quad \frac{6 \cdot 7 \cdot 8 \cdot 9}{24} \quad = \quad \frac{(6 \cdot 4) \cdot 2 \cdot 7 \cdot 9}{24} \quad = \quad 126 \ ;$$

$$\mathtt{anstatt:} \quad \binom{9}{4} \quad = \quad \frac{9!}{4! \cdot 5!} \quad = \quad \frac{7! \cdot 8 \cdot 9}{24 \cdot 120} \quad = \quad \frac{5040 \cdot 8 \cdot 3 \cdot 3}{120 \cdot 24} \quad = \quad \ldots \quad = \quad 126 .$$

4.

$$\binom{11}{3} = \left[\frac{\max(3, 11 - 3)! \cdot (8 + 1) \cdot (8 + 2) \cdot (8 + (11 - 8))}{\max(3, 8)! \cdot \min(3, 8)!} = \right]$$

$$\frac{\prod_{i := 1}^{11-8}(8 + i)}{3!} = \frac{9 \cdot 10 \cdot 11}{6} = \frac{3 \cdot 3 \cdot 2 \cdot 5 \cdot 11}{3 \cdot 2} = 165 \quad ;$$

$$\mathtt{anstatt} : \binom{11}{3} = \frac{11!}{3! \cdot 8!} = \frac{11!}{6 \cdot 5040 \cdot 8} = \frac{11!}{6 \cdot 40320} = \ldots = 165 .$$

Es wird halt am Anfang fehlerfrei gekürzt; die Zahlen bleiben, so gut es geht, handlich.

Kommen wir nun zu einer sofort einleuchtenden Eigenschaft: Die Anzahl Möglichkeiten, aus einer n-elementigen Menge k Elemente zu wählen ist identisch mit der Anzahl Möglichkeiten, $n - k$ Elemente auszuwählen. Schließlich lässt man im ersten Fall $n - k$ liegen und im zweiten Fall k; man vertauscht nur die Semantik[28] der betrachteten Objekte — sie genommen oder nicht genommen zu haben. Da die beiden Fälle symmetrisch zueinander sind, spricht man von der *Binomial-Symmetrie*, mit gleicher Syntax[29]:

$$\binom{n}{k} = \binom{n}{n - k} \qquad \qquad .$$

Dieser bequeme Sachverhalt lässt sich *direkt* beweisen   :

$$\binom{n}{n - k} = \frac{n!}{(n - k)! \cdot (n - (n - k))!} = \frac{n!}{(n - k)! \cdot (n - n + k)!} =$$

$$\frac{n!}{k! \cdot (n - k)!} = \binom{n}{k} \qquad \qquad .$$

Das wohl von der Schule her bekannte „*Pascal*sche Dreieck" kann man ähnlich zeigen:

$$\binom{n}{k} = \binom{n - 1}{k} + \binom{n - 1}{k - 1} =$$

$$\frac{(n - 1)!}{k! \cdot (n - 1 - k)!} + \frac{(n - 1)!}{(k - 1)! \cdot (n - 1 - (k - 1))!} =$$

$$\frac{(n - 1)!}{k! \cdot (n - k - 1)!} + \frac{(n - 1)!}{(k - 1)! \cdot (n - 1 - k + 1)!} =$$

---

[28]Bedeutung
[29]Struktur

$$\frac{(n-1)!}{k! \cdot (n-k-1)!} \cdot \frac{n}{n} \quad + \quad \frac{k}{k} \cdot \frac{(n-1)!}{(k-1)! \cdot (n-k)!} \cdot \frac{n}{n} \quad =$$

$$\frac{n!}{k! \cdot (n-k-1)! \cdot n} \quad + \quad \frac{n! \cdot k}{k! \cdot (n-k)! \cdot n} \quad =$$

$$\frac{n!}{k!} \cdot \left(\frac{n-k}{(n-k-1)! \cdot (n-k) \cdot n} + \frac{k}{(n-k)! \cdot n} \right) \quad =$$

$$\frac{n!}{k!} \cdot \left(\frac{n-k}{(n-k)! \cdot n} + \frac{k}{(n-k)! \cdot n} \right) \quad =$$

$$\frac{n!}{k! \cdot (n-k)!} \cdot \frac{n-k+k}{n} \quad =$$

$$\frac{n!}{k! \cdot (n-k)!} \quad .$$

Der Binomial-Koeffizient lässt sich somit bisher auf mindestens zwei Arten berechnen: geschlossen[30] und rekursiv[31]. Nun bieten wir eine weitere Berechnungs-Variante an: sukzessiv[32], und zwar als fortwährende (inkrementelle[33]) Summe   :

$$\binom{n}{k} \quad = \quad \sum_{[0 \leq] \, i \, := \, k-1}^{[0 \leq] \, n-1} \binom{i}{k-1} \quad .$$

Abbildung 5.4 möge dies illustrieren.

Bringen wir nun noch einige interessante Sachverhalte.

Der „zentrale" Binomial-Koeffizient ist derjenige, bei dem der untere Parameter halb so groß wie der obere ist. Stellt man sich die Anordnung aller möglichen $C(n,k)$ in einem Teilmengen-Verband mit $n+1$ Ebenen[34] vor — unten $C(n,0)$, darüber die mit nächstgrößerem k, usw., bis hoch zu $C(n,n)$ — so ist die Anzahl der Elemente auf der mittleren Ebene mit der Nummer $\lfloor n/2 \rceil$ maximal[35] $C(n, \lfloor n/2 \rceil) \geq C(n,k), \forall \, k$. Ist n gerade, gibt es natürlich nichts zu runden; ist n ungerade, so soll das eher unübliche Rundungs-Zeichen den Umstand signalisieren, dass es egal ist, ob man nach unten oder oben rundet $[C(n, (n-1)/2) = C(n, (n+1)/2)]$, wegen der bekannten Binomial-Symmetrie:

$$\binom{n}{\lfloor \frac{n}{2} \rceil} \quad = \quad \begin{cases} \binom{n}{\frac{n}{2}} & ; \; \texttt{gerade}(n) \\[2mm] \binom{n}{\frac{n-1}{2}} & ; \; \texttt{ungerade}(n) \end{cases} \quad = \quad \begin{cases} \binom{n}{\frac{n}{2}} & ; \; \texttt{gerade}(n) \\[2mm] \binom{n}{\frac{n+1}{2}} & ; \; \texttt{ungerade}(n) \end{cases} \quad .$$

---

[30] hier als Quotient von Fakultäten

[31] rückführend auf Vorheriges — hier via der gerade gezeigten Addition

[32] schrittweise

[33] der untere Summen-Index (hier der obere Binomial-Parameter) wächst, wie üblich, um 1

[34] nummeriert von 0 bis n, den möglichen Werten von k (siehe Abb. 1.1 ab Seite 11 in Abschnitt 1.3)

[35] weshalb der oben folgende C-Ausdruck auch der *maximale* Binomial-Koeffizient genannt wird

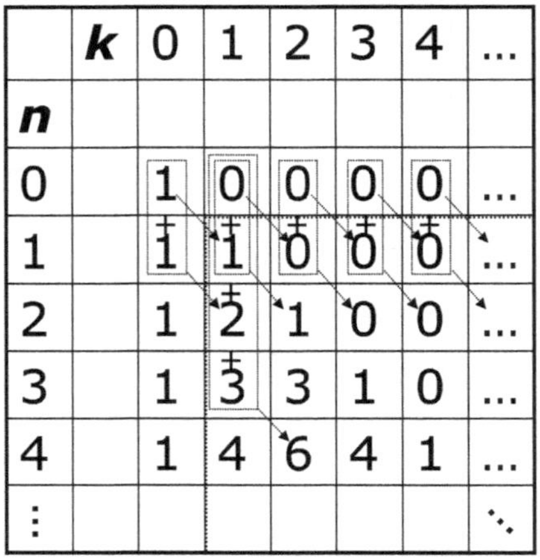

k	0	1	2	3	4	...
n						
0	1	0	0	0	0	...
1	1	1	0	0	0	...
2	1	2	1	0	0	...
3	1	3	3	1	0	...
4	1	4	6	4	1	...
⋮						⋱

Abb. 5.4: *Binom-Summe*

Illustration   :

$$\binom{1}{\lfloor\frac{1}{2}\rfloor} = \binom{1}{\frac{1-1}{2}} = \binom{1}{\frac{0}{2}} = \binom{1}{0} =$$

$$\binom{1}{\frac{1+1}{2}} = \binom{1}{\frac{2}{2}} = \binom{1}{1} \qquad [=1] \qquad .$$

$$\binom{3}{\lfloor\frac{3}{2}\rfloor} = \binom{3}{\frac{3-1}{2}} = \binom{3}{\frac{2}{2}} = \binom{3}{1} =$$

$$\binom{3}{\frac{3+1}{2}} = \binom{3}{\frac{4}{2}} = \binom{3}{2} \qquad [=3] \qquad .$$

Ist n gerade, existiert der zentrale Binomial-Koeffizient nur $1\times$; ist n jedoch ungerade, taucht er doppelt auf; dies gilt es bei entsprechenden Zähl-Aufgaben zu berücksichtigen.

Der Binomial-Koeffizient ist Haupt-Bestandteil des sogenannten *Binomial-Theorems*[36]

$$(a+b)^n = \sum_{k:=0}^{n}\left(\binom{n}{k}\cdot a^{(n-k)}\cdot b^k\right) \qquad .$$

Hiermit lässt sich überzeugend eine früher mal strittige Behauptung beweisen: $0^0 = 1$:

$$1 = 1^0 = (0+1)^0 = \binom{0}{0}\cdot 0^{(0-0)}\cdot 1^0 = 1\cdot 0^0\cdot 1 = 0^0.$$

---
[36]„Binomischer Lehrsatz"

In der wichtigen Spezialisierung $a := b := 1$ ergibt sich Folgendes :

$$(1+1)^n \;=\; \sum_{k:=0}^{n} \left(\binom{n}{k} \cdot 1^{(n-k)} \cdot 1^k \right) \quad \Longleftrightarrow \quad \sum_{k:=0}^{n} \binom{n}{k} \;=\; 2^n \;.$$

Da $C(n,k)$ die Anzahl k-elementiger Teil-Mengen einer endlichen n-elementigen Menge angibt, stellt die soeben dargelegte Formel klar, dass die Menge aller („unechten") Teilmengen exakt 2^n Elemente hat — es also exponentiell viele Teilmengen gibt.

Für die ersten 14 n-Werte sollte man die jeweilige 2er-Potenz parat haben.[37]

Wie $C(n,k)$ zur Lösung von Aufgaben beiträgt, mögen folgende fünf Beispiele aufzeigen:

1. In einer aus n Mitgliedern bestehenden Organisation sind k Verlässliche zu wählen.
   Frage: Wie viele Auswahlen sind möglich (falls Alle in Frage kommen ⌣) ?
   Antwort: $\qquad\qquad C(n,k)$.

2. Aus einem Kader bestehend aus n Fußballern sind k Spieler zu nominieren.[38]
   Frage: Wie viele vollständige Nominierungs-Bögen sind zu Spiel-Beginn möglich?
   Antwort: $\qquad\qquad C(n,k)$.

3. Wir betrachten wieder die gängige Welt der Bit-Vektoren[39].
   Frage: Wie viele n-stellige Bit-Vektoren mit mindestens $k \times$ *true* sind machbar?[40]
   Antwort: $\qquad\qquad \sum_{i:=k}^{n} C(n,i)$.

4. Bleiben wir noch kurz in diesem für die Informatik wichtigen Anwendungs-Bereich.
   Frage: Wie viele n-stellige Binär-Ketten gibt es, wenn # *false*-Bits $=$ # *true*-Bits?
   Antwort :

$$\begin{cases} 0 & ;\ \texttt{ungerade}(n) \\[2ex] \binom{n}{\frac{n}{2}} & ;\ \texttt{gerade}(n) \end{cases}$$

   In diesem Beispiel sehen wir auch den zentralen Binomial-Koeffizienten in Aktion.

5. Lassen Sie uns abschließend in die Welt der Spiele-Programmierung eintauchen. Wir sind im Zentrum des Koordinaten-Systems, 2d-mäßig lokalisiert durch „$(0,0)$".
   Frage: Wie viele minimale achsen-parallele Schrittfolgen vom Ursprungs-Punkt zu einem Punkt „(a,b)"[41] sind gangbar ($|a|$ Schritte horizontal, $|b|$ vertikal)[42] ?
   Antwort (siehe Bild 5.5) :

---

[37] $2^0 = 1$, ..., $2^{10} = 1024$, ..., $2^{13} = 8192$; $2^i :=_{[i>0]} 2^{(1)} \cdot 2^{(i-1)}$.

[38] Beim FCB ⌣ bspw. herrscht natürlich „Selektions-Druck": $k < n$; aber auch für $k = n$ und $k > n$ liefert der gesuchte Ansatz die richtige Antwort.

[39] Zeichen-Ketten bestehend aus *false* („0") oder/und *true* („1")

[40] bei stabilem n — führende 0-Werte (*false*-Bits) demnach vorne erlaubt

[41] $\in \mathcal{Z}^2 \setminus (0,0)$; unabhängig der Vorzeichen — wir haben eine Symmetrie bzgl. der Achsen x und y

[42] $|z| :=_{\texttt{hier}}$ (Absolut-)Betrag einer Zahl

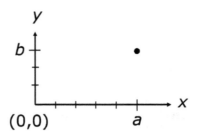

Abb. 5.5: *2d-Trajektorie*

$$\binom{|a| + |b|}{|a|} \overset{\text{Binomial-}}{=\ \text{Symmetrie}} \binom{|a| + |b|}{(|a| + |b|) - |a|} = \binom{|a| + |b|}{|b|} = \binom{|b| + |a|}{|b|},$$

was auch die Antwort für die symmetrische[43] Fragestellung nach der Anzahl verschiedener Bewegungs-Muster zum Punkt „(b, a)" darstellen würde: Bei der Gesamt-Anzahl diskreter Schritte kommt es auf die Summe der Bewegungen sowohl in x- als auch in y-Richtung an, also auf die Addition der beiden Koordinaten-Beträge, nicht auf die Reihenfolge der Begehung der einzelnen Dimensionen — was auch ganz allgemein die Formeln für die jeweils minimalen Weg-Längen erklärt:

1. Betrachtung: Wir begeben uns auf unserem Weg, welcher $|a| + |b|$ Schritte benötigt, zunächst auf die y-Achse, um schrittweise zur Position b zu gelangen; dabei drückt uns $|a|$-mal eine Windböe 1 Schritt horizontal in x-Richtung.[44] Die Anzahl verschiedener Möglichkeiten hierzu, wann/wo dies geschieht, gibt uns $C(|a| + |b|, |a|)$.

2. Betrachtung: Wir begeben uns auf unserem Weg, welcher $|a| + |b|$ Schritte benötigt, zunächst auf die x-Achse, um schrittweise zur Position a zu gelangen; dabei drückt uns $|b|$-mal ein kleiner Erdstoß 1 Schritt vertikal in y-Richtung.[45] Die Anzahl verschiedener Möglichkeiten hierzu, wann/wo dies geschieht, gibt uns $C(|a| + |b|, |b|)$.

Wir erzielen die Formel auch aus einer ganz anderen Überlegung heraus; schließlich haben wir aus Unter-Abschnitt 5.4.1 (S. 75) eine Herangehensweise im Köcher, welche uns erlaubt, die $\#$ Konfigurationen von n Objekten zu zählen, wenn verschiedene Gruppen jeweils identischer Objekte existieren: Die 2 Dimensionen (x- und y-Richtung) stellen nun die verschiedenen Gruppen-Typen dar, und das Identische ist die auf jeweils einer Dimension stattfindende Bewegungs-Richtung[46]; mit

$$k_1 := |a|, \quad k_2 := |b|, \quad n := k_1 + k_2 := |a| + |b|$$

---

[43] zur Winkel-Halbierenden durch die ungeraden Quadranten
[44] $a < 0$ Ost-, $a > 0$ West-Wind; $a = 0$ Wind-Stille ⌣ — man gelangt direkt auf der y-Achse zu b.
[45] Bei negativem b fallen wir bei jeder vertikalen Bewegung 1 Stufe tiefer — wie bei 2d-Spielen üblich.
[46] Die Pixel werden in fortlaufender „Laufrichtung" vom Ursprung aus in 1er-Schritten angesteuert.

erhalten wir dann für die Anzahl möglicher 2-dimensionaler Trajektorien   :

$$\frac{(\sum_{i:=1}^{2} k_i)!}{\prod_{i:=1}^{2}(k_i!)} \;=\; \frac{(|a|+|b|)!}{|a|!\cdot|b|!} \;=\; \frac{(|a|+|b|)!}{|a|!\cdot((|a|+|b|)-|a|)!} \;=\; \binom{|a|+|b|}{|a|}.$$

Komplexere Zwischenstationsszenarien zeigt hinten zitiertes Informatik-Buch, S. 12–14.

5.5 Stirling- und Bell-Zahlen

5.5.1 Stirling-Zahlen 1. Art

Eigentlich handelt es sich hier um die Koeffizienten von x^k in der Summen-Schreibweise des Ausdruckes $\prod_{i:=0}^{n-1}(x-i) =: j_1$; wir bezeichnen sie nach *James* *Stirling* mit $s_1(n,k)$:

$$j_1 \;=\; \sum_{k:=0}^{n} (s_1(n,k)\cdot x^k) \qquad\qquad\qquad .$$

Folgende Rekursion definiert $s_1(n,k)$ $:=$

$$\begin{cases} 0 & ;\ (n<k)\vee(n>k=0) \\ 1 & ;\ n=k \\ s_1(n-1,k-1)-(n-1)\cdot s_1(n-1,k) & ;\ n>k>0 \end{cases} \qquad .$$

Sei $n:=3$, $M:=\{0,\ldots,n\}$; dann ergeben sich folgende $|M|$ Werte für $s_1(n,k)$, $k\in M$: $(-)0\,,2\,,-3\,,1\,.$

Interessant für uns ist die Interpretation als *(Stirling-)Zyklus-Zahl* via $|s_1(n,k)|$ $=:$

$$\begin{bmatrix} n \\ k \end{bmatrix} \qquad , \qquad\qquad \textbf{Sprechvorschlag}: n \textbf{ Zyklus } k \qquad\qquad ,$$

der Anzahl sogenannter „zyklischer" Partitionen einer n-elementigen Menge in k nicht-leere „Zyklen": Man partitioniert eine n-Menge in k nicht-leere Bereiche, betrachtet aber in jedem Teil alle Möglichkeiten einer kreis-förmigen Anordnung[47] der Objekte — als wenn sie um einen Rund-Tisch herum drapiert wären, wobei es weder auf die absolute Platzierungs-Positionen am Tisch selbst noch auf die Zuordnung zu einem bestimmten Tisch ankommt[48]; siehe auch den Spezial-Fall $|s_1(m,1)|$, der die Frage bei der Illustration der Quotienten-Regel im Unter-Abschnitt 5.1.3 (ab S. 51) gelöst hätte.[49]

Zeichnung 5.6 illustriert die Stirling-Zahl 1. Art für k Tische mit je mindestens 1 Person:

---

[47]bezogen auf „befindet sich genau 1 Position links (bzw. „rechts", je nach Blick-Richtung) neben"
[48]jedoch auf die relative Anordnung am jeweiligen Tisch gemäß der Nachbarschafts-Relation „neben"
[49]hier: alle $n:=m$ „Objekte" an $k:=1$ Tisch: $(m-1)!$

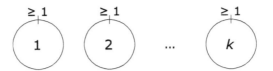

Abb. 5.6: *Stirling-1*

Beispiel   :

$$\begin{bmatrix} 4 \\ 2 \end{bmatrix} \;=\; |s_1(4,2)| \;=_{\text{rekursiv}}\; \cdots \;=\; |11| \;=\; 11 \;=_{\substack{\text{explizit} \\ \text{z. B.}}}$$

$$|\{\{(1),(2,3,4)\},\{(1),(2,4,3)\},\{(2),(1,3,4)\},\{(2),(1,4,3)\},$$

$$\{(3),(1,2,4)\},\{(3),(1,4,2)\},\{(4),(1,2,3)\},\{(4),(1,3,2)\},$$

$$\{(1,2),(3,4)\},\{(1,3),(2,4)\},\{(1,4),(2,3)\}\}|$$

Spielt man für gegebenes n die einzelnen Belegungen von k schrittweise durch, so stellt man fest, dass bei jeder Erhöhung von k um 1 das Vorzeichen von $s_1(n,k)$ wechselt[50]. Da die Zyklus-Zahl selbst nur positiv sein kann, ergibt sich hier folgender Zusammenhang:

$$s_1(n,k) \;=\; (-1)^{(n-k)} \cdot \begin{bmatrix} n \\ k \end{bmatrix} \qquad\qquad | :(-1)^{(n-k)} \qquad\qquad \Longleftrightarrow$$

$$\begin{bmatrix} n \\ k \end{bmatrix} \;=\; \frac{s_1(n,k)}{(-1)^{(n-k)}} \;=\; \begin{cases} -s_1(n,k) & ; \; \texttt{ungerade}(n-k),\; s_1(n,k) \le 0 \\[2mm] +s_1(n,k) & ; \; \texttt{gerade}(n-k)\quad,\; s_1(n,k) \ge 0 \end{cases}$$

(Die Fälle sind strukturell bewusst nicht disjunkt; der einzige gemeinsame [„$= 0$“-]Fall wird jedoch wertmäßig in beiden Fällen gleich behandelt, siehe auch den Klammer-Inhalt der Fußnote 50.)

$$= \; |s_1(n,k)| \;=\; |s_1(n-1,k-1) - (n-1)\cdot s_1(n-1,k)|$$

$$= \begin{cases} \left| - \begin{bmatrix} n-1 \\ k-1 \end{bmatrix} - (n-1)\cdot \left(+ \begin{bmatrix} n-1 \\ k \end{bmatrix}\right) \right| & ; \quad s_1(n-1,k) \ge 0 \\[4mm] \left| + \begin{bmatrix} n-1 \\ k-1 \end{bmatrix} - (n-1)\cdot \left(- \begin{bmatrix} n-1 \\ k \end{bmatrix}\right) \right| & ; \quad s_1(n-1,k) \le 0 \end{cases}$$

$$= \begin{cases} \left| - \left(\begin{bmatrix} n-1 \\ k-1 \end{bmatrix} + (n-1)\cdot \begin{bmatrix} n-1 \\ k \end{bmatrix}\right) \right| & ; \quad \texttt{ungerade}(n-k) \\[4mm] \left| + \left(\begin{bmatrix} n-1 \\ k-1 \end{bmatrix} + (n-1)\cdot \begin{bmatrix} n-1 \\ k \end{bmatrix}\right) \right| & ; \quad \texttt{gerade}(n-k) \end{cases}$$

---

[50]„alterniert" (wobei die 0 abwechselnd mal als negative und mal als positive Zahl interpretiert wird)

$$= \begin{bmatrix} n-1 \\ k-1 \end{bmatrix} + (n-1) \cdot \begin{bmatrix} n-1 \\ k \end{bmatrix} \qquad .$$

Behauptung :

$$z(n) \quad := \quad \sum_{k:=0}^{n} \begin{bmatrix} n \\ k \end{bmatrix} \quad = \quad n! \quad \left(= \quad n \cdot (n-1)! \quad = \quad n \cdot \begin{bmatrix} n \\ 1 \end{bmatrix} \right) \qquad .$$

Beweis: Induktion über n :

Start: $n_{0_{\text{initial}}} := 0$

$$z_{\underline{\text{Prinzip}}}(0) \quad := \quad \sum_{k:=0}^{0} \begin{bmatrix} 0 \\ k \end{bmatrix} \quad = \quad \begin{bmatrix} 0 \\ 0 \end{bmatrix} \quad = \quad 1 \quad = \quad 0! \quad = \quad z_{\underline{\text{Formel}}}(0).$$

Im noch kommenden Induktions-Schritt wird es komfortabel sein, $n - 1 \geq 1$ zu haben.

Basis: $n_0 := 1$

$$z_{\text{P}}(1) \quad := \quad \sum_{k:=0}^{1} \begin{bmatrix} 1 \\ k \end{bmatrix} = \begin{bmatrix} 1 \\ 0 \end{bmatrix} + \begin{bmatrix} 1 \\ 1 \end{bmatrix} = 0 + 1 = 1 \quad = \quad 1! = z_{\text{F}}(1) \qquad .$$

Hypothese:

$$z(n-1) \quad := \quad \sum_{k:=0}^{n-1} \begin{bmatrix} n-1 \\ k \end{bmatrix} \quad = \quad (n-1)! \qquad .$$

Schritt: $(n_0 \leq)\, n - 1 \quad \rightarrow \quad n\ (> n_0)$

$$z_{\text{P}}(n) \quad := \quad \sum_{k:=0}^{n} \begin{bmatrix} n \\ k \end{bmatrix} \quad = \quad \begin{bmatrix} n \\ 0 \end{bmatrix} + \sum_{k:=1}^{n} \left((n-1) \cdot \begin{bmatrix} n-1 \\ k \end{bmatrix} + \begin{bmatrix} n-1 \\ k-1 \end{bmatrix} \right)$$

$$= \quad 0 + (n-1) \cdot \sum_{k:=1}^{n} \begin{bmatrix} n-1 \\ k \end{bmatrix} + \sum_{k:=1}^{n} \begin{bmatrix} n-1 \\ k-1 \end{bmatrix}$$

$$= \quad (n-1) \cdot \left(\sum_{k:=1}^{n-1} \begin{bmatrix} n-1 \\ k \end{bmatrix} + \begin{bmatrix} n-1 \\ n \end{bmatrix} \right) + \sum_{k:=1}^{n-1} \begin{bmatrix} n-1 \\ k-1 \end{bmatrix} + \begin{bmatrix} n-1 \\ n-1 \end{bmatrix}$$

$$= \quad (n-1) \cdot \left(\sum_{k:=0}^{n-1} \begin{bmatrix} n-1 \\ k \end{bmatrix} - \begin{bmatrix} n-1 \\ 0 \end{bmatrix} + 0 \right) +$$

$$\sum_{k:=0}^{n-1} \begin{bmatrix} n-1 \\ k \end{bmatrix} - \begin{bmatrix} n-1 \\ n-1 \end{bmatrix} + \begin{bmatrix} n-1 \\ n-1 \end{bmatrix}$$

$$\overset{!}{=} \quad (n-1) \cdot (n-1)! + (n-1)! = ((n-1)+1) \cdot (n-1)! = n \cdot (n-1)!$$

$$= \quad n! \quad = \quad z_{\text{F}}(n) \qquad .$$

5.5.2   Stirling-Zahlen 2. Art

Eigentlich handelt es sich hier um die Koeffizienten von $\prod_{i:=0}^{k-1}(x-i) =: j_2$ in x^k als Summe von Produkten geschrieben; wir bezeichnen sie nach *James Stirling* mit $s_2(n,k)$:

$$x^n \;=\; \sum_{k:=0}^{n} (s_2(n,k) \cdot j_2) \qquad\qquad .$$

Folgende Rekursion definiert $s_2(n,k)$ $\qquad\qquad\qquad\qquad\qquad\qquad\qquad\qquad\qquad := $

$$\begin{cases} 0 & ; \quad (n < k) \vee (n > k = 0) \\ 1 & ; \quad (n = k) \vee (n > k = 1) \\ s_2(n-1,k-1) + k \cdot s_2(n-1,k) & ; \quad n > k > 1 \end{cases} \qquad .$$

Sei $M := \{0,\dots,5\}$; die Tabelle 5.7 zeigt uns nun die $|M|^2$ Werte für $s_2(n,k)$ $[k,n \in M]$.

k \ n	0	1	2	3	4	5	...
0	1	0	0	0	0	0	
1	0	1	0	0	0	0	
2	0	1	1	0	0	0	
3	0	1	3	1	0	0	
4	0	1	7	6	1	0	
5	0	1	15	25	10	1	

Abb. 5.7: *Stirling-2*

In inkrementeller Summen-Notation bekommen wir die Gleichung $\quad s_2(n,k) \quad =$

$$\sum_{i:=k-1}^{n-1} \left(\binom{n-1}{i} \cdot s_2(i,k-1) \right) \qquad\qquad .$$

Die Stirling-Zahlen 2. Art stehen in einem besonderen Verhältnis zu den Stirling-Zahlen 1. Art, wie wir gleich sehen; aufgrund des alternierenden Vorzeichens von $s_1(n,k)$ — im Gegensatz zum permanent positiven in $s_2(n,k)$ — neutralisieren sie sich in folgender Produkt-Summe $\qquad\qquad\qquad\qquad\qquad\qquad\qquad\qquad\qquad\qquad\qquad :$

$$\sum_{k:=0}^{n} (s_1(n,k) \cdot s_2(k,i)) \;=\; \sum_{k:=0}^{n} (s_2(n,k) \cdot s_1(k,i)) \;=\; \begin{cases} 1 & ; \quad n = i \\ 0 & ; \quad n \neq i \end{cases} .$$

Interessant für uns ist die Interpretation als *(Stirling-) Teilmengen-Zahl* via $s_2(n,k) =:$

$$\left\{ {n \atop k} \right\} \qquad , \qquad \texttt{Sprechvorschlag}: n\ \texttt{Aufteilung}\ k \qquad ,$$

die Anzahl Partitionen einer n-elementigen Menge in k Teilmengen: Man teilt eine n-Menge in k Bereiche auf, betrachtet aber in keinem Teil irgendwelche Reihenfolgen. Dies bedeutet automatisch $\qquad\qquad\qquad\qquad\qquad\qquad\qquad\qquad\qquad\qquad\qquad :$

$$\left\{ {n \atop k} \right\} \quad \leq \quad \left[{n \atop k} \right] \qquad .$$

Für $k \in \{n-1,\, n\}$ gilt die Gleichheit $\qquad\qquad\qquad\qquad\qquad\qquad\qquad\qquad\qquad\qquad :$

$$\left\{ {n \atop n-1} \right\} =_{n>0} \left[{n \atop n-1} \right] =_{n>1} \left[{n-2 \atop n-2} \right] \cdot \binom{n}{2} = n \cdot (n-1)/2 \qquad :$$

Zunächst sind $n-1$ Teil-Mengen zu bilden, womit sich in $n-2$ Teil-Mengen jeweils nur 1 Element befindet (ohne weitere Zyklus-Varianten) und sich die restlichen 2 Elemente in der 1 noch verbliebenen Teil-Menge tummeln (ebenfalls ohne weitere Zyklus-Varianten); für die letzt-genannte Auswahl gibt es $C(n,2)$ Möglichkeiten, und für die erst-genannte Aufteilung hat man keine weitere Wahl mehr[51]: $\qquad |s_1(n-2, n-2)| = 1 \qquad .$

$$\left\{ {n \atop n} \right\} \quad = \quad \left[{n \atop n} \right] \quad = \quad 1 \quad =_{n>0} \quad \left\{ {n \atop 1} \right\} \qquad :$$

Im ersten Fall sind n Teil-Mengen zu bilden, womit sich in jeder Teil-Menge nur 1 Element befindet; im mittleren Fall können es deshalb nicht mehr Zyklen[52] sein, was jeweils nur genau $1\times$ möglich ist — wie im letzt-genannten Fall des Ablieferns nur 1 nicht-leeren (Teil-)Menge, in der $1\times$ alle Elemente enthalten sind.

Folgendes Beispiel aus der Welt der Abbildungen zeigt eine Anwendung von $s_2(n,k)$:

Frage: Wie viele surjektive *F*unktionen aus einer n- in eine k-Menge sind möglich ?

Antwort: Sei $n := |D|$, $k := |C|$; $f : D \to C$.   Dann gibt es $k! \cdot s_2(n,k)$ Surjektionen.

Illustration: Schließlich müssen alle k Elemente aus C getroffen werden, weshalb die n Elemente aus D zu k Gruppen zusammenzufassen sind[53] — und für eine spezielle Abbildungs-Reihenfolge von k Objekten gibt es genau $k!$ Möglichkeiten.

Testen wir zum Abschluss dieser Anwendung noch deren Spezial-Fall $k = n$, um die uns bekannte einfache Formel zur Berechnung der # Bijektionen bestätigt zu bekommen: $n! \cdot s_2(n,n) \quad = \quad n! \quad - \quad$ ok[54].

---

[51] ∃! 1 Aufteilungs-Möglichkeit von $n-2$ Elementen in $n-2$ Zyklen der „Länge" (:= # Elemente) 1
[52] der Länge 1
[53] $n > k$ erlaubt — Injektivität wird hier nicht vorausgesetzt
[54] siehe auch den Spezial-Fall $P(n,n)$ im Unter-Abschnitt 5.4.1 (Seite 74)

Als Glanzlicht dieses Kapitels präsentiere ich die Herleitung der geschlossenen Formel im Sonder-Fall $s_2(n,2)$ für beliebiges $n_{[>0]}$; diese Formel bringt die Anzahl Möglichkeiten, eine gegebene nicht-leere Menge von n Elementen in 2 nicht-leere Bereiche aufzuteilen:

$$\left\{ {n \atop 2} \right\} = \sum_{i:=1}^{\lfloor \frac{n}{2} \rfloor} \binom{n}{i} - \left\{ \begin{array}{ll} \frac{\binom{n}{\frac{n}{2}}}{2} & ; \ \texttt{gerade}(n) \\[2mm] 0 & ; \ \texttt{ungerade}(n) \end{array} \right. =$$

$$\frac{\sum_{i:=0}^{n} \binom{n}{i}}{2} - \binom{n}{0} = \frac{2^n}{2^1} - 1 = 2^{(n-1)} - 1 \qquad :$$

Zunächst zur Differenz mit der Fall-Unterscheidung:
Man startet bei 1-elementigen Teilmengen und steckt jeweils die restlichen $n-1$ Elemente in die andere Teil-Menge, in der Zeichnung 5.8 strich-punktiert; die Kardinalität

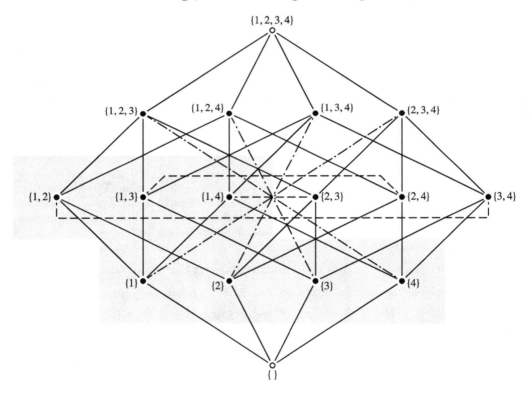

Abb. 5.8: *Hälftige Aufteilung*

der klein-elementigen Teil-Mengen wird bis zur „Hälfte" (von n bzw. des Teil-Mengen-Verbandes[55]) nacheinander erhöht.

---

[55]siehe Abschnitt 1.3 (ab Seite 11)

Darüber hinaus kann man nicht gehen, da die „dahinter liegende" zweite Hälfte bereits als Partner für Teil-Mengen aus der ersten Hälfte dient. Für ungerades n hätte man es damit klar.[56] Für gerades n muss man sich vergegenwärtigen, dass die Partner der Teil-Mengen auf „halber Höhe" sich selbst auch auf dieser mittleren Ebene befinden, d. h., man also im Teil-Mengen-Verband auf dieser breitesten[57] Ebene $n/2$ nur eine Hälfte des zentralen Binomial-Koeffizienten nehmen darf, da die andere Hälfte bereits als Partner auftaucht — im Bild gestrichelt.[58] Da die Elemente auf dieser besagten mittleren Ebene durch den oberen Summen-Index bereits alle mit-summiert wurden, müssen wir die Hälfte dieser $C(n, n/2)$ Elemente letztlich subtrahieren. (Den oberen Summen-Index nach oben zu runden wäre falsch im ungeraden Fall, da wir die mittlere Ebene sonst doppelt und damit 1 × zuviel gezählt hätten.)

Nun zur Subtraktion des Binomial-Koeffizienten $C(n, 0)$ vom o. g. Bruch:

Die vorhin diskutierte Formel entspricht — ungeachtet der Parität[59] von n — der dort folgenden Differenz aus der halbierten Gesamt-Summe und dem Binomial-Koeffizienten $C(n, 0)$. Die Anzahl Knoten in der „unteren" Hälfte des Teilmengen-Verbandes entspricht aufgrund der Symmetrie des Binomial-Koeffizienten exakt der Hälfte der Gesamt-Anzahl;[60] da wir nur nicht-leere Teil-Mengen betrachten, blenden wir die Möglichkeit kein Element auszuwählen aus — weshalb wir $C(n, 0)$ [= 1] am Ende abziehen.

Nun zur geschlossenen Form:

Für die Summe im Zähler haben wir bereits den Ausdruck 2^n an der Hand, davon nehmen wir natürlich nur die Hälfte und subtrahieren die 1 Nicht-Möglichkeit — fertig.

Beispiel:
$$s_2(4, 2) \quad = \quad 2^{(4-1)} - 1 \quad = \quad 2^3 - 1 \quad = \quad 8 - 1 \quad = \quad 7 \quad =_{\text{z. B.}}$$
$$|\{\{\{1\}, \{2,3,4\}\}, \{\{2\}, \{1,3,4\}\}, \{\{3\}, \{1,2,4\}\}, \{\{4\}, \{1,2,3\}\},$$
$$\{\{1,2\}, \{3,4\}\}, \{\{1,3\}, \{2,4\}\}, \{\{1,4\}, \{2,3\}\}\}| \quad \leq \quad |s_1(4, 2)| .$$

5.5.3   Bell-Zahlen

Zählen wir abschließend die Gesamt-Zahl aller möglichen Partitionen einer gegebenen Menge der Kardinalität n [≥ 0], unabhängig der Anzahl der jeweils resultierenden Teile. Indem wir alle Fälle von k [$\in \{0, \dots, n\}$] in $s_2(n, k)$ durchspielen, erhalten wir durch die Summe dieser Stirling-Aufteilungen die sogenannten   *Bell-Zahlen*   :

$$B(n) \quad = \quad \sum_{k := 0}^{n} s_2(n, k) \quad = \quad \sum_{k := 0}^{n} \left\{ {n \atop k} \right\} \qquad .$$

Folgende Rekursion definiert $B(n)$:=

$$\begin{cases} 1 & ; \quad n \leq 1 \\ \sum_{i := 0}^{n-1} \left(\binom{n-1}{i} \cdot B(i) \right) & ; \quad n \geq 1 \end{cases} .$$

---

[56]Ist n ungerade, so hat der Teilmengen-Verband eine gerade Anzahl $(n + 1)$ Ebenen (Nr. $0 \dots n$).
[57]# Elemente (pro Ebene) ist hier maximal
[58]Wir zählen nur die Anzahl verschiedener Aufteilungs-Möglichkeiten von n Elementen in 2 Bereiche.
[59]„gerade" bzw. „ungerade" zu sein
[60]Im „geraden" Fall bedeutet der Bruch-Strich das Halbieren des Teilmengen-Verbandes mitten durch den zentralen Binomial-Koeffizienten auf der Ebene $n/2$ (wie in Abbildung 5.8), im „ungeraden" Fall die Trennung zwischen den beiden auftretenden gleich-großen mittleren Ebenen $\lfloor n/2 \rfloor$ und $\lceil n/2 \rceil$.

Diese nicht-disjunkte Fall-Unterscheidung erlaubt für den einzigen gemeinsamen Fall ($n = 1$) den Funktions-Wert auch über die Replikation der Rekursions-Verankerung ($n := 0$) unmittelbar zu erhalten: $\qquad B(1) \; [:= B(0)] \; := \; 1$.

Betrachten wir einige konkrete Werte $\hspace{10cm}$:

$$B(0) \; = \hspace{10cm} 1 \quad,$$

$$B(1) \; = \; \sum_{i:=0}^{1-1} \left(\binom{0}{i} \cdot B(i) \right) \; = \; 1 \cdot B(0) \; = \hspace{3cm} 1 \quad,$$

$$B(2) \; = \; \sum_{i:=0}^{2-1} \left(\binom{1}{i} \cdot B(i) \right) \; = \; 1 \cdot B(0) + 1 \cdot B(1) \; = \hspace{2cm} 2 \quad,$$

$$B(3) \; = \; \sum_{i:=0}^{3-1} \left(\binom{2}{i} \cdot B(i) \right) \; = \; 1 \cdot B(0) + 2 \cdot B(1) + 1 \cdot B(2) = 5 =_{\text{z. B.}}$$

$$\left| \{\{\{a,b,c\}\}, \{\{a\},\{b,c\}\}, \{\{b\},\{a,c\}\}, \{\{c\},\{a,b\}\}, \{\{a\},\{b\},\{c\}\}\} \right| \quad,$$

$$B(4) \; = \; \sum_{i:=0}^{4-1} \left(\binom{3}{i} \cdot B(i) \right) \; = \; 1 \cdot B(0) + 3 \cdot B(1) + 3 \cdot B(2) + 1 \cdot B(3)$$

$$= \; 1 \cdot 1 + 3 \cdot 1 + 3 \cdot 2 + 1 \cdot 5 \; = \; 15 \quad.$$

Kurz zur Interpretation im Vergleich zu den dazugehörigen Stirling-Teilmengen-Zahlen $s_2(4,k)$ [$1 \leq k \leq 4$]: Wir stellen uns vor, wir könnten bei der Verteilung von 4 Briefen beliebig zwischen 1, 2, 3 und 4 Säcken wählen.[a] Steckt man alle Briefe in einen Sack, so gibt es dafür nur 1 Möglichkeit. Nimmt man zwei Säcke, so gibt es 7 Möglichkeiten. Hat man drei Säcke, kann man die vier Briefe auf 6 verschiedene Arten verteilen. Stehen vier Säcke zur Verfügung, haben wir nur 1 letzte Möglichkeit: die Briefe alle einzeln in Isolations-Haft zu nehmen. So erhalten wir: $B(4) = \sum_{k:=0}^{4} s_2(4,k) = 0 + 1 + 7 + 6 + 1 = 15$.

---

[a]Es kommt nicht auf die „Location" an, sondern lediglich was/wer mit wem zusammen ist — wie im richtigen Leben ⌣. Mathematisch spiegelt sich dies in der Mengen-Schreibweise wider, bei der ja auch die Reihenfolge keine Rolle spielt.

$$=_{5.9}^{\text{Bild}} \quad B(3) + ((B(1) + B(2)) + (B(2) + B(3))) \hspace{3cm} =$$

$$1 \cdot B(1) + (1+1) \cdot B(2) + (1+1) \cdot B(3) \hspace{3cm} =$$

$$1 \cdot B(0) + (2 \cdot B(1) + 1 \cdot B(2)) +$$

$$((1 \cdot B(2) + (1 \cdot B(1) + 1 \cdot B(2))) + 1 \cdot B(3)) =$$

$$\binom{3}{0} \cdot B(0) + \binom{3}{1} \cdot B(1) + \binom{3}{2} \cdot B(2) + \binom{3}{3} \cdot B(3) \quad.$$

Diese rekursive Vorgehensweise sehen wir in der Grafik 5.9 als schrittweise Addition.

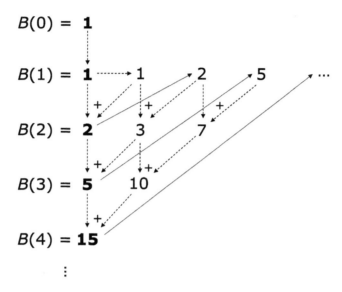

Abb. 5.9: *Bell-Zahlen*

Die Bell-Zahlen wachsen sehr schnell   :

$$B(14) \quad = \quad 190.899.322$$,

$$B(15) \quad = \quad 1.382.958.545$$,

exponentiell: $\qquad 2^{(n-1)} \quad \leq \quad B(n) \quad \leq \quad n!$;

es gilt: $\quad 4 \quad < \quad n \quad < \quad 2^n \quad < \quad B(n) \quad < \quad n!$.

6 Wahrscheinlichkeits-Theorie

Mit diesem Kapitel beschließen wir thematisch das vorliegende Werk. Im ersten Abschnitt geht es um die *Allgemeine Wahrscheinlichkeit*, im zweiten Abschnitt behandeln wir die *Bedingte Wahrscheinlichkeit*. Lassen Sie uns dabei zunächst mit einigen womöglich bekannten Allgemeinheiten, mit Beispielen garniert, beginnen. Wir kommen sodann zu zwei Varianten der Formel von Thomas Bayes im Bereich der Bedingtheiten, beide mit je einer Anwendung illustriert: das erste Beispiel aus der Welt des Roulette und das zweite zum Thema „Unterschied zwischen Theorie und Praxis" ⌣. Viel Spaß!

6.1 Allgemeine Wahrscheinlichkeit

Wir führen hier die nötigen Begriffe ein und erläutern sie anhand gängiger Beispiele.

Es beginnt mit der Festlegung des *Ereignis-Raums* :

$$\Omega \quad := \quad \text{Menge aller möglichen Ausprägungen von Ereignissen}[1] \text{ (s. u.)} \quad .$$

Die # Elemente in dieser Menge der Möglichkeiten ist die *Ereignisraum-Größe* :

$$|\Omega| \qquad .$$

Ein gewünschtes *Ereignis* ist ganz allgemein eine Teil-Menge aller Möglichkeiten:

$$E \qquad\qquad [\subseteq \qquad \Omega] \qquad .$$

Die *Ereignis-Kardinalität* ist demnach:

$$|E|_{\,[\,\leq\, |\Omega|\,]} \qquad\qquad .$$

Ein *Elementar-Ereignis* ist ein Ereignis-„Singleton" ($\exists!$ Element: $|E| = 1$).

Bei fairem Ausgang eines „Experiments" ergibt sich sodann die *Wahrscheinlichkeit* :

$$p_\Omega(E) \quad = \quad \frac{|E|}{|\Omega|} \qquad\qquad .$$

Dass diese Wahrscheinlichkeit (engl.: probability) p nur positiv sein und 100 % nicht übersteigen kann, sieht man schon allein darin, dass E stets eine Teilmenge von Ω ist :

$$0 \quad = \quad p(\{\,\}) \quad \leq \quad p(E) \quad \leq \quad p(\Omega) \quad = \quad 1 \quad =_{[\Omega \,\ni\, e_i]}$$

---

[1] was alles passieren kann („alles was geht" ⌣)

https://doi.org/10.1515/9783110695557-007

$$p(\bigcup_{i:=1}^{|\Omega|} \{e_i\}) \quad \underset{e_i \text{ disjunkt}}{\overset{\text{Partition}}{=}} \quad \sum_{i:=1}^{|\Omega|} p(e_i) \qquad .$$

Betrachten wir n Ereignis-Mengen, welche ggfs. gemeinsame Elemente vorweisen, so gilt
— nach George Boole — die sofort einleuchtende Ungleichung   :

$$p(\bigcup_{i:=1}^{n} E_i) \quad \leq \quad \sum_{i:=1}^{n} p(E_i) \qquad .$$

Im allgemeinen Fall der Vereinigung eventuell nicht-disjunkter Ereignis-Mengen greifen
wir auf das Ein-/Ausschluss-Prinzip zurück; es liest sich bei nur zwei Mengen wie folgt:

$$p(A \cup B) \quad = \quad p(A) + p(B) - p(A \cap B) \qquad .$$

Im Spezial-Fall zweier doch disjunkter Mengen haben wir einen leeren Durchschnitt[2];
es liegt demnach eine Partition vor (s. o.), und wir können schnittfrei argumentieren :

$$p(A \cup B) \quad = \quad p(A) + p(B) \qquad .$$

Teilt sich unser gesamtes Ω in zwei völlig unabhängige Teilbereiche auf, so erhalten wir:

$$p(\Omega) \quad \overset{\text{Partition}}{=} \quad p(A) + p(B) \quad = \quad 1 \qquad \quad | -p(B) \qquad \Longleftrightarrow$$

$$p(A) \quad = \quad 1 - p(B) \qquad .$$

Beispiel: Fußballplatz-Seitenwahl („fairer Münz-Wurf")[3]

$$\Omega \quad := \quad \{K opf, Z ahl\} \qquad \qquad ;$$

$$p(K) = 1 - p(Z) \underset{\text{fair}}{=} 1 - p(K) \quad \underset{:2}{\overset{+\,p(K)}{\Longleftrightarrow}} \quad p(K) = \frac{1}{2} = p(Z).$$

Die folgenden vier aus dem Alltag bekannten Beispiele illustrieren größere Partitionen:

1. 1 Würfel

    - $\Omega \quad := \quad \{1, 2, 3, 4, 5, 6\}$
    - $|\Omega| \quad = \quad 6$
    - $E \quad := \quad$ gewünschte „Augen"-Zahl, $\quad |E| \quad = \quad 1$
    - $p_\Omega(E) \quad = \quad p(e_i) \quad = \quad |E|/|\Omega| \quad = \quad 1/6 \qquad , \quad \forall_{[1 \leq]i[\leq |\Omega|]}$
    - $p(\Omega) \quad = \quad p(\bigcup_{i:=1}^{|\Omega|}\{e_i\}) \quad = \quad \sum_{i:=1}^{|\Omega|} p(e_i) \quad = \quad 6 \cdot 1/6 \quad = \quad 1$

---

[2]weshalb es nichts abzuziehen gibt
[3]Das Ding möge auf eine flache Seite zu liegen kommen und nicht auf der Kante stehen bleiben. ☺

2. 2 verschieden-farbige Würfel

- $\Omega \quad := \quad \{(1,1),(1,2),(1,3),\ldots,(1,6),(2,1),\ldots,(2,6),\ldots,(6,1),\ldots,(6,6)\}$
- $|\Omega| \quad = \quad 6^2 \quad = \quad 36$
- $E \quad := \quad$ spezieller Doppel-Wurf[4], $\quad |E| \quad = \quad 1$
- $p_\Omega(E) \quad = \quad p(e_i) \quad = \quad |E|/|\Omega| \quad = \quad 1/36 \quad , \quad \forall_{[1 \leq] i [\leq |\Omega|]}$
- $p(\Omega) \quad = \quad p(\bigcup_{i:=1}^{|\Omega|}\{e_i\}) \quad = \quad \sum_{i:=1}^{|\Omega|} p(e_i) \quad = \quad 36 \cdot 1/36 \quad = \quad 1$

3. Würfel-Pärchen

- $\Omega \quad := \quad \{(j,k) \mid 1 \leq j, k \leq 6\}$
- $|\Omega| \quad = \quad 6^2 \quad = \quad 36 \quad - \quad$ alles wie eben
- $E \quad := \quad \{(j,k) \mid 1 \leq j = k \leq 6\} \quad = \quad \{(j,j) \mid 1 \leq j \leq 6\}$
- $|E| \quad = \quad 6$
- $p_\Omega(E) \quad = \quad p(\bigcup_{i:=1}^{|E|}\{e_i\}) \quad = \quad \sum_{i:=1}^{|E|} p(e_i) \quad = \quad 6 \cdot 1/36 \quad = \quad |E|/|\Omega| \quad = \quad 1/6$

4. Spiel-Automat[5] (siehe Skizze 6.1)

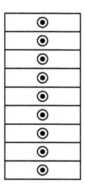

Abb. 6.1: *Spiel-Automat*

- $\Omega \quad := \quad \{(b_{n-1}, b_{n-2}, \ldots, b_0) \mid b_i \in \mathcal{B} \ [:= \{0,1\}], \ n-1 \geq i \geq 0\} \ [= \mathcal{B}^n]$
- $|\Omega| \quad = \quad |\mathcal{B}|^{|\{n-1, n-2, \ldots, 0\}|} \quad = \quad 2^n \qquad\qquad [= |\mathcal{B}^n|]$
- $E \quad := \quad \{(1,1,\ldots,1)\}$
- $|E| \quad = \quad 1$

---

[4] $(j,k) \neq_{[j \neq k]} (k,j)$

[5] Vereinfachte Sichtweise im Sinne eines Bit-Vektors, bei dem nacheinander jedes Bit *true* werden soll; man muss bei jedem Tasten-Druck erfolgreich sein, bis man auf der höchsten Stufe angelangt ist.

- $p_\Omega(E) \;=\; |E|/|\Omega| \;=\; 1/2^n \;=\; 2^0/2^n \;=\; 2^{-n}$.

  Konkret: Es möge eine faire *boole*sche Taste vorliegen; müsste man nun für die sogenannte „Serie" bspw. 9 (=: n) mal hintereinander einen erfolgreichen Tasten-Druck schaffen, so läge die Schluss-Wahrscheinlichkeit ($\approx_{[<]}$ $0,2\,\%$) nahe bei $2\,\%_0$ — ein im dortigen Milieu durchaus anzutreffender Wert. ⌣

Bisher haben wir die Wahrscheinlichkeiten summiert, nun werden wir sie multiplizieren — und zwar beim gleichzeitigen Auftreten „unabhängiger" Ereignisse.

Unabhängig   sind n Ereignisse, wenn folgende Gleichheit gilt:

$$p\left(\bigcap_{i\,:=\,1}^{k} E_{j_i}\right) \;=\; \prod_{i\,:=\,1}^{k} p(E_{j_i}) \,,\; \forall_{[2\,\leq]} k \leq n \geq j_k > j_{k-1} > \ldots > j_2 > j_1 \geq 1 \,.$$

Illustration   :

- $n \;:=\; 2$

$$p(E_1 \cap E_2) \qquad = \qquad p(E_1) \cdot p(E_2)$$

- $n \;:=\; 3$

$$p(E_1 \cap E_2) \qquad = \qquad p(E_1) \cdot p(E_2)$$

$$p(E_1 \cap E_3) \qquad = \qquad p(E_1) \cdot p(E_3)$$

$$p(E_2 \cap E_3) \qquad = \qquad p(E_2) \cdot p(E_3)$$

$$p(E_1 \cap E_2 \cap E_3) \quad = \quad p(E_1) \cdot p(E_2) \cdot p(E_3)$$

Beispiel: 2 verschiedene Würfel (wie vorhin)

- $\Omega \;:=\; \{1, 2, 3, 4, 5, 6\}$

- $|\Omega| \;=\; 6$ (pro Würfel)

- $E_i \;:=\;$ gewünschte „Augen"-Zahl Würfel$_i$, $\quad 1 \leq i \leq 2 =: n =: k$

- $E \;:=\; E_1 \cap E_2$

- $p_\Omega(E) \;=\; p(\{e_1\} \cap \{e_2\}) = p(e_1) \cdot p(e_2) = (1/6)^2 = 1/6^2 = 1/36$.

6.2   Bedingte Wahrscheinlichkeit

Dieser letzte Abschnitt behandelt die Wahrscheinlichkeit eines Ereignisses A unter der *Bedingung* eines gegebenen Ereignisses B; diese berechnet sich wie folgt — gesprochen: „p von A gegeben B" :

$$p(A|B) \;=\; \frac{p(A \cap B)}{p(B)_{[>0]}} \qquad \Longleftrightarrow \qquad p(A \cap B) \;=\; p(A|B) \cdot p(B) \quad .$$

Sind A und B unabhängig, so ergibt sich das wenig überraschende Resultat :

$$p(A|B) \;=\; \frac{p(A) \cdot p(B)_{[>0]}}{p(B)_{[>0]}} \;=\; p(A) \quad .$$

(Schließlich kommt es hier beim Auftreten von A nicht auf die *Bedingung* B an.)

Eine einfache Vertauschung der Namen bringt korrespondierende Sachverhalte hervor :

$$p(B|A) \;=\; \frac{p(B \cap A)}{p(A)_{[>0]}} \qquad \Longleftrightarrow \qquad p(B \cap A) \;=\; p(B|A) \cdot p(A) \quad .$$

Sind A und B unabhängig, so ergibt sich entsprechend :

$$p(B|A) \;=\; \frac{p(B) \cdot p(A)_{[>0]}}{p(A)_{[>0]}} \;=\; p(B) \quad .$$

Wir kommen sodann zur Formel von Thomas Bayes zur *bedingten Wahrscheinlichkeit* :

$$p(A|B) \;=\; \frac{p(A \cap B)}{p(B)_{[>0]}} \;=\; \frac{p(B \cap A)}{p(B)_{[>0]}} \;=\; \frac{p(B|A) \cdot p(A)}{p(B)} \quad .$$

Im Spezial-Fall $\qquad A \;\subseteq\; B \qquad$ fällt das Ganze entsprechend einfacher aus:

$$p(A|B) \;=\; \frac{p(A \cap B)}{p(B)_{[>0]}} \;=\; \frac{p(A)}{p(B)} \qquad \Longleftrightarrow$$

$$p(A \cap B) \;=\; \frac{p(A)}{p(B)_{[>0]}} \cdot p(B)_{[>0]} \;=\; p(A) \qquad\qquad ;$$

$$p(B|A) \;=\; \frac{p(B \cap A)}{p(A)_{[>0]}} \;=\; \frac{p(A)}{p(A)_{[>0]}} \;=\; 1 \qquad \Longleftrightarrow$$

$$p(B \cap A) \;=\; 1 \cdot p(A)_{[>0]} \;=\; p(A) \qquad\qquad .$$

$p(B|A_{[\subseteq B]}) = 100\,\%$, weil die „unwahrscheinlichere" Ereignis-Menge A gegeben und somit bereits erfüllt ist — und die Ober-Menge B als Disjunktion („ODER"-Verknüpfung) von Ereignissen damit ebenfalls erfüllt ist.

Diese spezielle *bedingte Teilmengen-Wahrscheinlichkeit* lässt sich auch so herleiten:

$$p(A|B) \;=\; p(B|A) \cdot \frac{p(A)_{[>0]}}{p(B)_{[>0]}} \;=\; 1 \cdot \frac{p(A)_{[>0]}}{p(B)_{[>0]}} \;=\; \frac{p(A)}{p(B)} \qquad\qquad ,$$

wie bereits vorhin angegeben.

Wir kommen nun zu den   *totalen Wahrscheinlichkeiten*   :

Voraussetzung: Bedingende Ereignisse $B_1, B_2, \ldots, B_n$ bilden eine Partition von Ω :

$$\bigcup_{i:=1}^{n} B_i \;=\; \Omega \qquad\qquad ,$$

$$B_j \cap B_k \;=\; \{\} \qquad\qquad , \qquad\qquad \forall_{[1\leq]j\,<\,k_{[\leq n]}} \qquad\qquad ;$$

$$\sum_{i:=1}^{n} p(B_i) \;=\; p(\Omega) \;=\; 1 \qquad\qquad .$$

Da $A \subseteq \Omega =_{\texttt{Partition}} \bigcup_{i:=1}^{n} B_i$ gegeben ist, erhalten wir $p(A)$ als Summe aller n Einzel-Wahrscheinlichkeiten von A im jeweiligen Schnitt mit den unter sich disjunkten B_i :

$$p(A) \;=\; \sum_{i:=1}^{n} p(A \cap B_i) \;=\; \sum_{i:=1}^{n} (p(A|B_i) \cdot p(B_i)) \qquad\qquad .$$

Wir stellen nun die allgemeine Formel für *bedingte totale Wahrscheinlichkeiten* dar:

Voraussetzung: $A \;\subseteq\; \Omega \;\supseteq\; B_s \in \{B_1, B_2, \ldots, B_n\}$;

insgesamt erzielen wir folgenden Zusammenhang   :

$$p(B_s|A) \;=\; \frac{p(B_s \cap A)}{p(A)} \;=\; \frac{p(A \cap B_s)}{p(A)} \;=\; \frac{p(A|B_s) \cdot p(B_s)}{p(A)} \;=$$

$$\frac{p(A|B_s) \cdot p(B_s)}{\sum_{i:=1}^{n}(p(A|B_i) \cdot p(B_i))} \qquad\qquad .$$

Im Sonder-Fall $n := 1_{[=s]}$ ergibt sich die bedingte totale Wahrscheinlichkeit von $100\,\%$:

$$p(B_s|A) \;=\; \frac{p(A|B_s) \cdot p(B_s)}{\sum_{i:=1}^{1}(p(A|B_i) \cdot p(B_i))} \;=\; \frac{p(A|B_s) \cdot p(B_s)}{p(A|B_s) \cdot p(B_s)} \;=\; 1 \quad ,$$

was man schon aus dem Spezial-Fall $A \subseteq B_{(s)}$ der bedingten Wahrscheinlichkeit erhält:

$$p(B_s|A) \;=\; p(\Omega|A_{[\subseteq \Omega]}) \;=\; 1 \qquad\qquad .$$

Wie angekündigt runden zwei Beispiele den Themen-Kanon des vorliegenden Buches ab — ein offensichtliches und ein nicht-offensichtliches[6]   :

   1. Beispiel: Roulette
      Unter Vernachlässigung der *Zero* spielen wir eine Farbe.

---

[6]auf den ersten Blick — den Unterschied zwischen Theorie und Praxis offenbarend ⌣

- Erster Lauf: $\underline{R}ouge$; zweiter Lauf: Spiel   .
- Mit welcher Wahrscheinlichkeit käme $Noir$?
- $A \quad := \quad \{(\underline{R}, N)\} \ , \quad B \quad := \quad \{(\underline{R}, N), (\underline{R}, R)\} \quad =_{\texttt{hier}} \quad \Omega$.
- $p(A_{[\subseteq B]}|B) \quad = \quad \frac{p(A)}{p(B)} \quad = \quad \frac{50\,\%}{100\,\%} \quad = \quad \frac{1}{2}$.
- Mit welcher Wahrscheinlichkeit käme stattdessen wiederum R ?
- $p(\{(\underline{R}, R)\}_{[\subseteq B]}|\Omega) \quad = \quad \frac{50\,\%}{100\,\%} \quad = \quad \frac{1}{2}$.
- Wir beobachten, dass beide Farben gleich wahrscheinlich sind, wir das Folge-Ereignis also nicht vorhersagen können — was zu erwarten war; der Ausgang des ersten Laufs hat keinerlei Einfluss auf den Ausgang des zweiten Laufs.

2. Beispiel: „Hinter der Tür"
   Bei einem Spiel-Wettbewerb versteckt sich hinter genau einer von drei Türen ein vorher ausgelobter Gewinn-Preis. Die Kandidatin soll nun erraten, hinter welcher Tür sich dieser Preis befindet.

   - Tür-Menge $T \quad := \quad \{A, B, C\}$
   - Ereignis H_X: $h$inter Tür X ($\in T$) befindet sich der Gewinn
   - Wahrscheinlichkeit $p(H_X) \quad = \quad \frac{1}{3} \ , \quad \forall X_{[\in T]}$ (gleich-verteilt — „fair")
   - Ereignis O_X: Tür X $o$ffen
   - Die Lady legt los — und rät richtig:[7] H_A (dies sei das dargebotene Szenario).
   - Zum Charakter des Spiels gehört es, dass der Moderator der Kandidatin nun eine der beiden nicht von ihr genannten Türen öffnet[8] und ihr dann anbietet, ihre Tür-Wahl nochmals zu überdenken. (Der Moderator öffnet nach dem ersten Raten nie sofort ihre angesagte Tür.) Versteckt sich der Gewinn wirklich hinter A, so kann der Moderator beliebig B oder C öffnen; ist der Preis hinter B oder C, so öffnet er die jeweils andere Tür (C oder B), aber nicht A. Er öffnet jetzt bspw. B.
   - Was scheint nun günstiger für die Kandidatin — es bei ihrer ursprünglichen Wahl A zu belassen oder nach C zu wechseln? Oder ist es gar egal?
   - Sie schätzt zunächst ab, warum Tür B geöffnet wurde (und nicht C)[9]   :

$$p(O_B|H_C) \quad = \quad 1 \qquad\qquad\qquad\qquad\qquad\qquad ,$$

$$p(O_B|H_B) \quad = \quad 0 \qquad\qquad\qquad\qquad\qquad\qquad ,$$

$$p(O_B|H_A) \quad = \quad p(O_C|H_A) \quad = \quad \frac{1}{2} \ , \quad p(O_A|H_A) \quad = \quad 0 \ ;$$

$$\sum_{X \in T} p(O_X|H_A) \quad = \quad 0 + \frac{1}{2} \cdot 2 \quad = \quad 1 \qquad\qquad , \ \texttt{ok} .$$

---

[7]was sie zu dem Zeitpunkt noch nicht weiß
[8]eine, hinter der sich der Gewinn nicht befindet (stattdessen bspw. eine Ziege [„$Ziegen$-Problem"])
[9]A fällt aufgrund der Spielregeln beim ersten Öffnen weg.

- Sie prüft die Voraussetzungen bzgl. der Partitionierung des Ereignis-Raumes:

$$\bigcup_{X \in T} H_X \;=\; \Omega \qquad\qquad ,$$

$$H_A \cap H_B \;=\; H_A \cap H_C \;=\; H_B \cap H_C \;=\; \{\} \qquad ;$$

$$\sum_{X \in T} p(H_X) \;=\; \frac{1}{3} \cdot 3 \;=\; 1 \;=\; p(\Omega) \qquad , \text{ ok} .$$

(Schließlich ist der Preis hinter irgendeiner Tür, aber nicht hinter mehreren; dürfte man hingegen alle Türen öffnen, so wäre der Preis zu 100 % „safe".)

- Nun berechnet die Kandidatin die bedingten totalen Wahrscheinlichkeiten, um ihre zweite Ansage vorzubereiten: A („so lassen") oder C („wechseln") :

$$p(H_A|O_B) \;=\; \frac{p(O_B|H_A) \cdot p(H_A)}{\sum_{X \in T}(p(O_B|H_X) \cdot p(H_X))} \;=\; \frac{\frac{1}{2} \cdot \frac{1}{3}}{(\frac{1}{2} + 0 + 1) \cdot \frac{1}{3}}$$

$$\;=\; \frac{1/2}{3/2} \;=\; \frac{1}{2} \cdot \frac{2}{3} \;=\; \frac{1}{3} \qquad ;$$

$$p(H_C|O_B) \;=\; \frac{p(O_B|H_C) \cdot p(H_C)}{\sum_{X \in T}(p(O_B|H_X) \cdot p(H_X))} \;=\; \frac{1 \cdot \frac{1}{3}}{\frac{3}{2} \cdot \frac{1}{3}} \;=\; \frac{2}{3}$$

$$\;=\; 2 \cdot p(H_A|O_B) \qquad\qquad .$$

- Die Lady ist begeistert und geht „all in"; sie lässt sich hinreißen — zum <u>Wechsel</u> ihrer Position[10]. Es kommt zum Showdown; der Moderator öffnet, wie gewünscht, C — der Preis ist jedoch nicht dahinter (H_A; $\neg H_B$, $\neg H_C$) .
- Wurden alle Partitions-Fälle (nach Öffnen der Tür B) bedacht?   Voilà   :

$$\sum_{X \in T} p(H_X|O_B) \;=\; p(H_A|O_B) + p(H_B|O_B) + p(H_C|O_B) \;=\;$$

$$\frac{1}{3} \;+\; 0 \;+\; \frac{2}{3} \;=\; 1 .$$

- Die Lady war „tough" und hat alles gegeben, der Moderator auch; selbst *Diskrete Mathematik* — Grundlage der Informatik — lässt immer noch einen Spalt offen, für den erfrischenden Unterschied zwischen Theorie und Praxis.

---

[10]Die erste beizubehalten wäre hier attraktiver gewesen; siehe den durch Fußnote 7 erläuterten Text.

A   Anhang

A.1   Übung: Grundstock

Aufgaben

- Funktionen

   1. Geben Sie bei den folgenden Zuordnungen an, ob sie überhaupt Funktionen sind — und dann ggf. ob sie sogar bijektiv, oder wenigstens injektiv oder surjektiv sind („Hauptsache objektiv" ⌣) + begründen Sie Ihre Antworten!

      $D := \{0, 1, 2\}$, $C := \{\alpha, \beta, \gamma, \delta\}$; $f_i \colon D \to C$, $1 \leq i \leq 3$.

      (a) $f_1(0) := \alpha$, $f_1(1) := \beta$, $f_1(2) := \alpha$

      (b) $f_2(0) := \alpha$, $f_2(1) := \beta$, $f_2(2) := \gamma$

      (c) $f_3(0) := \alpha$, $f_3(1) := \beta$, $f_3(2) := \gamma$, $f_3(0) := \delta$

   2. Kann eine Funktion bijektiv sein im Falle $|D| \neq |C|$ — warum (nicht ⌣)?

   3. Berechnen Sie nachstehende Werte:

a)	$\lceil 0/1 \rceil$	b)	$\lfloor 0/1 \rfloor$
c)	$\lceil 1/1 \rceil$	d)	$\lfloor 1/1 \rfloor$
e)	$\lfloor 0/1 \rceil$	f)	$\lfloor 1/1 \rceil$
g)	$\lceil 1/2 \rceil$	h)	$\lfloor 1/2 \rfloor$

- Relationen

   1. $X := \{0, 1, 2\}$, $Y := \{1, 2, 3\}$. Berechnen Sie Folgendes (jeweils $\subset X \times Y$):

      a) $<(X, Y)$ b) $>(X, Y)$

   2. $\mathcal{B} := \{0, 1\}$.   Welcher (Formel-)Wert ergibt sich für $|\mathcal{B}^n|$?

https://doi.org/10.1515/9783110695557-008

Lösungen

- Funktionen

  1. 1 Injektion ⌣, 2 x weder Surjektion noch Bijektion; 1 x objektiv ⌣ gar keine:

     (a)   Die Funktion f_1 ist keine spezielle im vorhin genannten Sinne:
           i. $f_1(0) = f_1(2)$ $\implies$ $\neg$ injektiv $\implies$ $\neg$ bijektiv
           ii. $|C| > |D|$ $\implies$ $\neg$ surjektiv   ($\implies$ $\neg$ bi... ⌣)

     (b) f_2 ist injektiv, aber nicht surjektiv:
           i. Alle Funktions-Werte sind verschieden $\implies$ f_2 injektiv
           ii. s. o. $\implies$ $\neg$ bijektiv

     (c)   Die gedachte Abbildung ist gar keine Funktion: $\alpha =: f_3(0) := \delta$.

  2.   Eine Funktion kann mit $|D| \neq |C|$ nie bijektiv sein:
       (a)   bijektiv $\iff$ injektiv $\wedge$ surjektiv
       (b)   injektiv $\implies$ $|D| \leq |C|$
       (c)   surjektiv $\implies$ $|D| \geq |C|$
       (d)   bijektiv $\implies$ $|D| \leq |C| \leq |D|$ $\iff$ $|D| = |C|$
       (e)   contrapositive: $|D| \neq |C|$ $\implies$ $\neg$ bijektiv

  3. Bei den ersten 6 Brüchen gibt's nichts zu runden, lediglich die letzten 2:
     (a)   0
     (b)   0
     (c)   1
     (d)   1
     (e)   0
     (f)   1
     (g)   1
     (h)   0

- Relationen

  1. Die Relationsmengen sind echte Teilmengen des *Cartesischen Produkts* (*CP*):
     (a) $\{(0,1), (0,2), (0,3), (1,2), (1,3), (2,3)\}$
     (b) $\{(2,1)\}$ mit (salopp notiert) $|(b)| = 1 < 6 = |(a)| < |CP| = 3^2 = 9$

  2. $|\mathcal{B}^n| = |\mathcal{B}|^n = 2^n$

A.2   Übung: Mengen-Lehre

Aufgaben

- Begriffe / Kardinalität Endlicher Mengen

  1. Konstruieren Sie zwei endliche Mengen A und B mit mindestens einem gemeinsamen Element (also mit nicht-leerem Schnitt), s. d. gilt: $|A| = |B| + 2$.

     (a) Visualisieren Sie mit einem Schaubild die Kardinalität der Mengen-Vereinigung ($|A \cup B| = |A| + |B| - |A \cap B|$). Argumentieren Sie somit, warum man die Schnitt-Elemente <u>einmal</u> subtrahieren muss.

     (b) Berechnen Sie $|A \setminus B|$ über die entsprechende Formel ($|A| - |A \cap B|$) und vergleichen Ihre Antwort mit der Herangehensweise, zuerst die Mengen-Differenz zu bilden und nur diese (verbleibenden) Elemente zu zählen.

     (c) Berechnen Sie $|A \oplus B|$ über die bekannte ($\smile$) Formel und vergleichen diese Antwort mit dem Vorgehen, zuerst die Symmetrische Differenz zu bilden und gleich nur diese Elemente zu zählen.

  2. Gegeben sei die Menge $S := \{1, 2, 3, 4, \alpha, \beta, \gamma, false, true\}$; wir produzieren nun die Partition $P := \{A_1, A_2, A_3\}$ mit $A_1 := \{1, 2, 3, 4\}$, $A_2 := \{\alpha, \beta, \gamma\}$, $A_3 := \{false, true\}$.

     Bestimmen Sie: a) $|P|$ b) $|S|$.

- Gesetzmäßigkeiten

  Sei unser kleines Universum die Welt der Dezimal-Ziffern: $U := \{0, 1, 2, \ldots, 9\}$.

  1. $E := \{0, 2, 4, 6, 8\}$.   Bilden Sie: a) E^c b) $(E^c)^c$.

  2. Erstellen Sie im folgenden Beispiel alle Ausdrücke der beiden *De-Morgan*-Varianten und erhellen so den Zusammenhang im jeweiligen Gesetz: $n := 3$; $S_1 := \{1, 2, 3, 4, 5\}$, $S_2 := \{2, 4, 6, 8\}$, $S_3 := \{3, 6, 9\}$.

- Über-/Abzählbarkeit Unendlicher Mengen

  Wie schafft man es eine Menge zu konstruieren, welche eine höhere Kardinalität hat als eine beliebige gegebene Menge S, selbst wenn S bereits unendlich groß ist? (Dies würde bedeuten, dass es unendlich viele Unendlichkeits-Stufen gibt.)

Lösungen

- Begriffe / Kardinalität Endlicher Mengen

  1. Interessant ist's für 2 Mengen, welche weder Teil- noch Ober-Mengen sind. Nehmen könnten Sie die eben definierte Menge $E =: A$ und $B := \{1, 6, 9\}$.

     (a) Sie visualisieren natürlich Ihr eigenes Beispiel personalisiert. ☺
         Sei der Bequemlichkeit halber $A \cap B =: T$. Nun sehen Sie Folgendes:

         $$|A \cup B| = |A \cup (B \setminus (A \cap B))| =_{\text{Partition}} |A| + (|B \setminus (A \cap B)|) =_{B \supset T}$$
         $$|A| + (|B| - |A \cap B|) =_{\text{Assoziativ-Gesetz}} |A \cup B| \qquad [=_{\text{o.g. Beispiel}} 7].$$

         Bei der Berechnung der $|\cup|$ ist der Schnitt (wegen Teilmenge zu jeder der beiden vorliegenden Mengen) 2-fach enthalten — weshalb $|\cap|$ 1-mal subtrahiert werden muss.

     (b) Hier ist gemeint, dass Sie zunächst die Formel konkret auswerten und dann das Ergebnis vergleichen mit dem direkten Zählen der Elemente ausschließlich in der Differenz-Menge — was das Gleiche bringen müsste. [Im o. g. Beispiel sollten Sie auf 4 kommen.]

     (c) s. o. via „(b)", bezogen halt auf die Symmetrische Differenz [$=_{\text{o.g. Bsp.}}$ 6].

  2. Die Grund-Menge S wird in drei Teile partitioniert, woraus sich die 3-gliedrige *Partition* P ergibt; S (mit ihren 9 Elementen) behält ihre Grund-Kardinalität.

     (a) $|P| = 3$

     (b) $|S| = \sum_{i:=1}^{|P|} |A_i| = 4 + 3 + 2 = 9$

- Gesetzmäßigkeiten

  Hier geht's um das was einer Menge im Vergleich zum Universum noch fehlt.

  1. Gegeben $E :=$ Menge der **geraden**[1] 10er-Ziffern.
     (a) Demnach fehlen zu U die 5 **ungeraden** Dezimal-Ziffern.
     (b) Komplementiert man erneut („zurück"), so landet man wieder bei der gegebenen Menge (E); dabei führt man diese doppelte Komplement-Bildung erst gar nicht konkret durch — was hier der Clou sein soll ⌣.

  2. Einmal zeigen wir's für's Komplement[2] der ∩- und ebenso der ∪-Menge:

     - Komplement des Gesamt-Schnitts = Vereinigung aller Einzel-Komplemente:

       i. $\left(\bigcap_{i:=1}^{3} S_i \right)^c = \{\,\}^c = U$

       ii. $\bigcup_{i:=1}^{3} S_i^c = \{0,6,7,8,9\} \cup \{0,1,3,5,7,9\} \cup \{0,1,2,4,5,7,8\} = U$

     - Komplement der Gesamt-Vereinigung = Schnitt aller Einzel-Komplemente:

       i. $\left(\bigcup_{i:=1}^{3} S_i \right)^c = \{1,2,3,4,5,6,8,9\}^c = \{0,7\}$

       ii. $\bigcap_{i:=1}^{3} S_i^c = \{0,6,7,8,9\} \cap \{0,1,3,5,7,9\} \cap \{0,1,2,4,5,7,8\} = \{0,7\}$

- Über-/Abzählbarkeit Unendlicher Mengen

  $|\mathcal{P}(\omega_i)| \quad >_{[(\text{verallgemeinerte}) \, \text{Kontinuums-Hypothese}]} \quad \omega_i$

---

[1] englisch „*even*" (deutsch ginge auch, da ich kein Kürzel für **ungerade** bräuchte [$U :=$ Universum])
[2] ohne „i" (in der Mitte) ⌣

A.3   Übung: *Boole*sche Algebra

Aufgaben

- Werte-Tafeln sowie logische Kombinatorik

  1. Zeigen Sie die folgenden Äquivalenzen:

     (a) $p \oplus q$ $\Longleftrightarrow$ $(p \lor q) \land (p \mid q)$

     (b) *Implication* $\Longleftrightarrow$ $\neg p \lor q$ $\Longleftrightarrow$ *Contrapositive*

     (c) *Converse* $\Longleftrightarrow$ *Inverse*

     (d) *Equivalence* $\Longleftrightarrow$ *Implication* AND *Converse*

  2. Gegeben n *boole*sche Variablen; begründen Sie die jeweilige Standard-Formel:

     (a)   # verschiedener Codierungen

     (b)   # verschiedener Funktionen

- Gesetzmäßigkeiten

  Beweisen Sie, ggf. in beiden Varianten:

  1.   Absorption

  2.   *De Morgan*

  3.   Exportation

Lösungen

- Werte-Tafeln sowie logische Kombinatorik

  1. Äquivalenzen via jeweiliger Logik-Tabelle:

     (a) $p \oplus q \qquad \Longleftrightarrow \qquad \neg (p \vee q) \wedge (p \mid q)$

p	q	$p \oplus q$	$p \vee q$	$p \mid q$	$(p \vee q) \wedge (p \mid q)$
0	0	**0**	0	1	**0**
0	1	**1**	1	1	**1**
1	0	**1**	1	1	**1**
1	1	**0**	1	0	**0**

     (b) *Implication* $\qquad \Longleftrightarrow \qquad \neg p \vee q \qquad \Longleftrightarrow \qquad$ *Contrapositive*

p	q	$p \to q$	$\neg p$	$\neg p \vee q$	$\neg q$	$\neg q \to \neg p$
0	0	**1**	1	**1**	1	**1**
0	1	**1**	1	**1**	0	**1**
1	0	**0**	0	**0**	1	**0**
1	1	**1**	0	**1**	0	**1**

     (c) *Converse* $\qquad \Longleftrightarrow \qquad$ *Inverse*

     Wie eben bei *Implication* $\Longleftrightarrow$ *Contrapositive*, nur p mit q vertauscht.

     (d) *Equivalence* $\qquad \Longleftrightarrow \qquad$ *Implication* AND *Converse*

p	q	$p \leftrightarrow q$	$p \to q$	$q \to p$	$(p \to q) \wedge (q \to p)$
0	0	**1**	1	1	**1**
0	1	**0**	1	0	**0**
1	0	**0**	0	1	**0**
1	1	**1**	1	1	**1**

2. Hier die Herleitungen für die Aufgaben-Formeln bei n *boole*schen Variablen:

   (a)   # verschiedener Codierungen

   Die Kardinalität dieses speziellen Cartesischen Produkts auf der gemeinsamen Basis-Menge $\mathcal{B}$ beläuft sich auf 2^n; Ausführlicheres siehe Seite 9.

   (b)   # verschiedener Funktionen

   Jede der 2^n Belegungen aus „(a)" stellt eine konkrete Ausprägung dar,
   welche in einer vorliegenden Formel[3] zu `true` oder `false` evaluiert —
   was zu $2^{(2^n)}$ verschiedenen ($\mathcal{B}$-)Funktionen führt; den Beweis können Sie
   sich gern auf Seite 43 reinziehen — ist 'ne herrliche Induktions-Übung.

- Gesetzmäßigkeiten

  1.   Absorption

p	q	$p \vee q$	$p \wedge (p \vee q)$	$p \wedge q$	$p \vee (p \wedge q)$
0	0	0	**0**	0	**0**
0	1	1	**0**	0	**0**
1	0	1	**1**	0	**1**
1	1	1	**1**	1	**1**

  2.   *De Morgan*

p	q	$p \wedge q$	$\neg\,(p \wedge q)$	$\neg p$	$\neg q$	$\neg p \vee \neg q$
0	0	0	**1**	1	1	**1**
0	1	0	**1**	1	0	**1**
1	0	0	**1**	0	1	**1**
1	1	1	**0**	0	0	**0**

p	q	$p \vee q$	$\neg\,(p \vee q)$	$\neg p$	$\neg q$	$\neg p \wedge \neg q$
0	0	0	**1**	1	1	**1**
0	1	1	**0**	1	0	**0**
1	0	1	**0**	0	1	**0**
1	1	1	**0**	0	0	**0**

---

[3] bspw. KNF, welche ja entweder „erfüllt" oder eben „nicht erfüllt" ist (die Basis für die SAT-Theorie)

3.   Exportation

p	q	r	$q \to r$	$p \to (q \to r)$	$p \wedge q$	$(p \wedge q) \to r$
0	0	0	1	**1**	0	**1**
0	0	1	1	**1**	0	**1**
0	1	0	0	**1**	0	**1**
0	1	1	1	**1**	0	**1**
1	0	0	1	**1**	0	**1**
1	0	1	1	**1**	0	**1**
1	1	0	0	**0**	1	**0**
1	1	1	1	**1**	1	**1**

A.4   Übung: Beweis-Prinzipien

Aufgaben

- Induktion

    1. Beweisen Sie: $n! > 2^n$, $\forall n \geq n_0$.

    2. Laurence E. Sigler, Fibonacci's Liber Abaci — A Translation into Modern English of Leonardo Pisano's Book of Calculation, Seite 397, Springer, 2003, 978-0-387-40737-1 (Original vermutlich aus 1202):
        „*On Him Who Went into the Pleasure Garden to Collect Apples.*
        A certain man entered a certain pleasure garden through 7 doors, and he took from there a number of apples; when he wished to leave he had to give the first doorkeeper half of all the apples and one more; to the second doorkeeper he gave half of the remaining apples and one more. He gave to the other 5 doorkeepers similarly, and there was one apple left for him.“

        $a_t := \#$ Äpfel zum Passieren von t Türwächtern (s. d. 1 Apfel übrig bleibt).

        Finden Sie die Formel für den allgemeinen Fall a_n und beweisen Ihre Aussage!

- Direkter Beweis

    Leiten Sie die Gauß-Formel, die Summe der ersten n natürlichen Zahlen, her.

- Indirekter Beweis

    Zeigen Sie, dass für zwei natürliche Zahlen gilt: $a < b \iff a^2 < b^2$.

Lösungen

- Induktion

  1. Behauptung: $n! > 2^n$, $\forall n \geq n_0 := 4$.

     Basis: $\qquad\qquad\qquad\qquad\qquad\qquad\qquad n_0 := 4 \;;\quad 4! = 24 > 16 = 2^4$

     Hypothese [=: H.]: $\qquad\qquad\qquad\qquad\qquad (n-1)! > 2^{(n-1)}$, $n - 1 \geq 4$

     Schritt: $\qquad\qquad\qquad\qquad\qquad\qquad\qquad [4 \leq] \, n - 1 \rightarrow n \, [> 4]$

     $n! = (n-1)! \cdot n >_{[\text{H.}]}^! 2^{(n-1)} \cdot n >_{[n > n_0 > 2]} 2^{(n-1)} \cdot 2^1 = 2^{[(n-1)+1]} = 2^n$.

  2. https://educ.ethz.ch/unterrichtsmaterialien/informatik/recurrence-relations.html
     $\longrightarrow$ *Recurrence Relations and Induction Proofs* $\longrightarrow$ Download
     oder via hinten zitiertem deutschen Werk (S. 25/26) ⌣̈

- Direkter Beweis

  Ersetzen Sie zum Erhalt der Gauß-Formel auf Seite 46 einfach $n-1$ durch n , oder
  eleganter — und höchstwahrscheinlich historischer — wie folgt   :

$$\sum_{i:=1}^{n} i \;=\; \left[\sum_{i:=1}^{n} i + \sum_{i:=0}^{n-1}(n-i)\right]/2 \;=\; \left[\sum_{i:=1}^{n}(i + [n - (i-1)])\right]/2$$

$$=\; \left[\sum_{i:=1}^{n}(i + n - i + 1)\right]/2 \;=\; \left[\sum_{i:=1}^{n}(n+1)\right]/2 \;=\; \frac{n \cdot (n+1)}{2}$$

- Indirekter Beweis

  Eine $\longleftrightarrow$-Behauptung sieht bekanntermaßen ⌣̈ so aus: $l \longrightarrow r \quad \wedge \quad r \longrightarrow l$.

  Aus Rücksicht auf die Erst-Semestler/innen zeigen wir hier keine berüchtigte „Hin-
  Richtung"[4] ⌣̈, sondern lediglich die „Rück-Richtung" (das letzte UND-Kettenglied),
  die aufgrund des *Contrapositive* einfach wie folgt <u>indirekt</u> bewiesen werden kann:

$$\neg\,(a < b) \;\Longleftrightarrow\; a \geq b \;\Longrightarrow\; a =_{[\beta \geq 1]} \beta \cdot b \;\Longrightarrow\; a^2 = \beta^2 \cdot b^2$$

$$\Longrightarrow_{[\beta^2 \geq 1]} \; a^2 \geq b^2 \;\Longleftrightarrow\; \neg\,(a^2 < b^2) \quad \hat{=} \quad \neg l \longrightarrow \neg r$$

---

[4] $l \longrightarrow r$ ($\Longleftrightarrow_{\text{Contrapositive}} \quad \neg r \longrightarrow \neg l$, was sich ähnlich wie oben leicht bewerkstelligen lässt)

A.5   Übung: Zähl-Techniken

Aufgaben

- Schubfach-Prinzip (*pigeonhole principle* [=: PP])

  $s := \#\, Studierende := 60\,, \quad v := \#\, Vorlesungen\,.$

  Das PP würde uns sagen: es gibt eine Vorlesung mit mindestens 9 Studierenden.

  (Diese Zähl-Technik wird hier nicht in der üblichen Art und Weise angewendet.)

  Wie viele Vorlesungen werden angeboten?

- Ein-/Ausschluss

  $A \cap B \cap C =: D\,.$

  Beantworten Sie in diesen beiden Teil-Aufgaben jeweils folgende Frage:
  Gibt es ein Element ($\in D$), welches zu jeder Menge gehört; ist also $|D| > 0$?

  1. $|A| := 1\,, |B| := 2\,, |C| := 3\,,$
     $|A \cap B| := |B \cap C| := 1\,, |A \cap C| := 0\,,$
     $|A \cup B \cup C| := 4$

  2. $|A| := 2\,, |B| := 3\,, |C| := 4\,,$
     $|A \cap B| := |B \cap C| := 2\,, |A \cap C| := 1\,,$
     $|A \cup B \cup C| := 5$

- Permutationen

  Uns stehen die folgenden Buchstaben zur Verfügung: A, B, C, D, E, F, I; sowohl das „E" als auch das „I" sind doppelt vorhanden. Wir haben demnach die Vokale (=: V) A, E, E, I, I und die Konsonanten (=: K) B, C, D, F.

  Wie viele sichtbar verschiedene Arrangements bei der Bildung eines Wortes aus diesen 9 Buchstaben sind möglich, wenn die Zeichenkette wie folgt aussehen soll:
  $$V \mid K \mid V \mid K \mid V \mid K \mid V \mid K \mid V \qquad ?$$

Lösungen

- Schubfach-Prinzip (PP):

$$p := \text{PP}-\# := \left\lceil \frac{s}{v} \right\rceil$$

$$v = \left\lceil \frac{s}{p} \right\rceil =_{\text{hier}} \left\lceil \frac{60}{9} \right\rceil = \left\lceil \frac{9 \cdot 6 + 6}{9} \right\rceil = \left\lceil 6\frac{2}{3} \right\rceil = 7$$

Test:

$$\left\lceil \frac{60}{8} \right\rceil = 8 < p = \left\lceil \frac{60}{7} \right\rceil = \left\lceil \frac{7 \cdot 8 + 4}{7} \right\rceil = \left\lceil 8\frac{4}{7} \right\rceil = 9 < 10 = \left\lceil \frac{60}{6} \right\rceil$$

- Ein-/Ausschluss

  1. $|A \cap C| := 0 \implies |D| = 0 \not> 0 \implies$
     Nein, es gibt kein solches Element in der globalen Schnitt-Menge!

  2. $|A \cup B \cup C| = |A| + |B| + |C| - (|A \cap B| + |A \cap C| + |B \cap C|) + |A \cap B \cap C|$
     $\iff |D| = 5 - (2 + 3 + 4) + (2 + 1 + 2) = 5 - 9 + 5 = 1 > 0 \implies$
     Ja, diesmal gibt es 1 solches Element!

- Permutationen

$$a = \frac{\dfrac{9!}{1! \cdot 1! \cdot 1! \cdot 1! \cdot 1! \cdot 2! \cdot 2!}}{\dfrac{9!}{5! \cdot 4!}} = \frac{5! \cdot 4!}{2! \cdot 2!} = \frac{(2! \cdot 3 \cdot 4 \cdot 5) \cdot (2! \cdot 3 \cdot 4)}{2! \cdot 2!} =$$

$$(3 \cdot 4)^2 \cdot 5 = \frac{1440}{2} = 720$$

oder (kompakter):

$$\frac{5!}{1! \cdot 2! \cdot 2!} \cdot 4! = \frac{2! \cdot 3 \cdot 4 \cdot 5}{2! \cdot 2!} \cdot 2! \cdot 3 \cdot 4 = 12^2 \cdot 5 = \frac{1440}{2} = 720 \quad .$$

A.6   Übung: Wahrscheinlichkeits-Theorie

Aufgaben

- Allgemeine Wahrscheinlichkeit

  Bestimmen Sie die Wahrscheinlichkeit p_n, dass in einem n-stelligen Bit-Vektor an genau zwei Positionen *false* auftritt. Berechnen Sie noch p_i für die sechs Fälle $i \in \{0, 1, 2, 3, 4, 5\}$ und beweisen abschließend die allgemeine Formel.

- Bedingte Wahrscheinlichkeit

  Bestimmen Sie die Wahrscheinlichkeit (jetzt in %), dass bei einem fairen Münz-Wurf nach vorherigem Erscheinen von *Kopf* (=: H) nun *Zahl* (=: T) auftritt.[5] Bewerten Sie's kurz zum Abschluss!

---

[5]Die deutschen Anfangs-Buchstaben läsen sich in der Lösung zu krass — daher englisch abgekürzt.

Lösungen

- Allgemeine Wahrscheinlichkeit

1. $p(E) := |E|/|\Omega| = \dfrac{\frac{n \cdot (n-1)}{2}}{2^n} = n \cdot (n-1) \cdot 2^{(-1)} \cdot 2^{(-n)} = (n-1) \cdot n \cdot 2^{[-(n+1)]}$.

Illustration: Rekurrenz-Relation für $|E| =: e$

$$e_{\texttt{Prinzip}}(0) = 0$$

$$e_{\texttt{P}}(n_{[>0]}) := e_{\texttt{P}}(n-1) + \binom{n-1}{1} = e_{\texttt{P}}(n-1) + (n-1)$$

$$\uparrow \qquad\qquad\qquad \uparrow$$

neues **true** vorne **false** vorne neu

Rückwärts-Ersetzung:

$$e_{\texttt{P}}(n) := [e_{\texttt{P}}(n-2) + (n-2)] + (n-1)$$

$$:= [e_{\texttt{P}}(n-3) + (n-3)] + [(n-2) + (n-1)]$$

$$\vdots$$

$$:= [e_{\texttt{P}}(n-n) + (n-n)] + [\cdots + (n-3) + (n-2) + (n-1)]$$

$$:= e_{\texttt{P}}(0) + \sum_{i:=0}^{n-1} i = 0 + (n-1) \cdot [(n-1)+1]/2 = n \cdot (n-1)/2$$

$$=: e_{\texttt{Formel}}(n)$$

Beweis: Induktion über n:

$$e_{\texttt{Prinzip}}(0) = 0 = e_{\texttt{Formel}}(0)$$

$$e_{\texttt{P}}(n) = e_{\texttt{P}}(n-1) + (n-1) =_! (n-1) \cdot [(n-1) - 1)]/2 + (n-1)$$

$$= (n-1) \cdot [(n-2) + 2]/2 = n \cdot (n-1)/2 = e_{\texttt{F}}(n).$$

2. $n = 0$: $p(E) = 0$, ebenso für $n = 1$

$n = 2$: $p(E) = 2/8 = 1/4$

$n = 3$: $p(E) = 6/16 = 3/8 = 12/32$, also ebenso für $n = 4$

$n = 5$: $p(E) = 20/64 = 5/16$

3. Induktion über n:

Basis: $n := 0 : \quad p_{\text{Prinzip}}(E_0) \ = \ 0 \ = \ p_{\text{Formel}}(0)$

Ind.-Hyp.: $p_{\text{F}}(E_{n-1}) \ = \ (n-2) \cdot (n-1) \cdot 2^{(-n)}$

Ind.-Schritt: $n - 1 \ \to \ n$

$$p_{\text{P}}(E_n) := |E_n|/|\Omega_n| = \frac{e_n}{2^n} = \frac{e_{(n-1)}+(n-1)}{2^{(n-1)} \cdot 2} = p_{\text{P}}(n-1) \cdot 2^{(-1)} + \frac{n-1}{2^n}$$

$$=^!$$

$$(n-2) \cdot (n-1) \cdot 2^{(-n)} \cdot 2^{(-1)} + (n-1) \cdot 2^{(-n)} =$$

$$(n-1) \cdot 2^{[-(n+1)]} \cdot [(n-2)+2] =$$

$$(n-1) \cdot n \cdot 2^{[-(n+1)]} =$$

$$p_{\text{F}}(n)$$.

- Bedingte Wahrscheinlichkeit

  $A \ := \ \{(\underline{H},T)\} \,, \quad B \ := \ \{(\underline{H},H),(\underline{H},T)\} \ ;$

  $P(A|B) \ =_{[B \supseteq A]} \ P(A)/P(B)_{[>0]} \ =_{\text{hier}} \ P(A)/P(\Omega) \ = \ \tfrac{1}{2}/1 \ = \ 50\,\% \quad .$

Der *Zahl*-Würfel hat keine Ahnung was vorher (bspw. H) gelaufen ist (wie die Roulette-Kugel); ihn als *kopf*los zu bezeichnen würde ihn die Fairness kosten. ‿

B   Bonus-Track   ☺

B.1   Übung: Grundstock

Neue Aufgabe

Gegeben die Bijektionen $f\colon A \to B$, $g\colon B \to C$, $h := g \circ f$; $|A| =: a$, $|B| =: b$, $|C| =: c_{[>0]}$

Wie viele bijektive Kompositionen sind möglich für h?

Welche gängigen Fehler lauern — und warum ist's einfach, doch nicht zu grätschen? ☺

https://doi.org/10.1515/9783110695557-009

Neue Lösung

$a!$ ($= b!$ [$= c!$]) ,   Beweis: ab Seite 71.

Illustration: $a := 3$ ($= c$); $A := \{\alpha, \beta, \gamma\}$, $C := \{x, y, z\}$.   # Bijektionen $= 3! = 6$:

$$h_1 : \quad h_1(\alpha) := x, \; h_1(\beta) := y, \; h_1(\gamma) := z \, ;$$
$$h_2 : \quad h_2(\alpha) := x, \; h_2(\beta) := z, \; h_2(\gamma) := y \, ;$$
$$h_3 : \quad h_3(\alpha) := y, \; h_3(\beta) := x, \; h_3(\gamma) := z \, ;$$
$$h_4 : \quad h_4(\alpha) := y, \; h_4(\beta) := z, \; h_4(\gamma) := x \, ;$$
$$h_5 : \quad h_5(\alpha) := z, \; h_5(\beta) := x, \; h_5(\gamma) := y \, ;$$
$$h_6 : \quad h_6(\alpha) := z, \; h_6(\beta) := y, \; h_6(\gamma) := x \, .$$

Folgende Grätschen ⌣ sind berüchtigte „Soll-Bruchstellen":

- Eine Bijektion an sich:

$$\neq |C|^2 \quad \text{(im Fall } c \neq 1 \text{ natürlich)}$$

Für $2 \leq c \leq 3$ ist die korrekte Lösung gar kleiner als die hier genannte falsche, weil bei der Quadrat-Idee ja alle Elemente noch als greifbar angenommen werden; sie ist ab $c \geq 4$ größer, da nun die volle Permutations-Explosion zuschlägt (welche eine exponentiell große Zahl erzeugt [wobei besagte 4 bei einem Induktions-Beweis das n_0 {$=: c_0$} darstellen würde]).

- Die Komposition kompliziert zu sehen:

Man könnte dem Gedanken verfallen, erst die Kombinatorik der # f-Bijektionen ($=: k$) zu bestimmen und dann darauf aufbauend die # g-Bijektionen ($=: l$), um die „Gesamt"-# der h-Bijektionen ($=: m$) zu erhalten, bspw. wie folgt:

$$m := l := k! := c!! \;\neq_{[c > 2]} c! \quad —$$

vielleicht verführerisch, aber zugleich gruselig.

Am einfachsten blickt man's, wenn man — wie hier gleich durchgezogen — die Wirkung einer Komposition direkt mit Original-Eingabe der Funktion f (und noch anschließender Zwischen-Funktion [g]) die # Ausgabe-Möglichkeiten der Funktion h bedenkt; dabei kann sich dann die Permutations-Dramatik nicht noch weiter dramatisieren. ⌣

B.2   Übung: Mengen-Lehre

Neue Aufgabe

Welche Bedingung muss für folgende Aussage gelten: $\left| \bigcup_{i:=1}^{n} S_i \right| = \sum_{i:=1}^{n} |S_i|$?

Neue Lösung

Alle S_i-Paare sind untereinander disjunkt.

B.3 Übung: *Boole*sche Algebra

Neue Aufgabe

Zeigen Sie ohne Werte-Tafel mit logischen Schritten die Basis für den indirekten Beweis:

$$p \longrightarrow q \quad \Longleftrightarrow \quad \neg q \longrightarrow \neg p \,.$$

Neue Lösung

$$p \longrightarrow q$$

$$\Longleftrightarrow$$

$$\neg p \vee q$$

$$\Longleftrightarrow$$

$$q \vee \neg p$$

$$\Longleftrightarrow$$

$$\neg\neg q \vee \neg\neg(\neg p)$$

$$\Longleftrightarrow$$

$$\neg(\neg q) \vee \neg(\neg\neg p)$$

$$\Longleftrightarrow$$

$$\neg(\neg q) \vee \neg p$$

$$\Longleftrightarrow$$

$$\neg q \longrightarrow \neg p$$

B.4   Übung: Beweis-Prinzipien

Neue Aufgabe

Sie können nun entweder die folgende Betrags-Variante[1] oder die gleichwertige Notation
der [Stirling-]Zyklus-Zahl[2] nehmen.

Beweisen Sie durch Induktion über $n_{[> 0]}$: z_n $:=$ $|s_1(n, 1)|$ $=$ $(n - 1)!$.

---

[1]aufwändig :-(
[2]bequem (empfehlenswert) ☺

Neue Lösung

Betrag-Variante: $z_n \quad := \quad |s_1(n,1)|$

i) Basis: $n_0 := 1$

$$z_{1_\text{Prinzip}} \quad := \quad |s_1(1,1)| \quad = \quad |1| \quad = \quad 1$$
$$z_{1_\text{Formel}} \quad := \quad (1-1)! \quad = \quad 0! \quad = \quad 1 \quad = \quad z_{1_\text{P}} \quad .$$

ii) Hypothese: $z_{n-1} \quad := \quad |s_1(n-1,1)| \quad = \quad ((n-1)-1)!$

iii) Schritt: $n-1_{[\geq n_0]} \quad \rightarrow \quad n_{[>n_0]} \quad ; \qquad\qquad z_{n_\text{P}} \quad := \quad |s_1(n,1)|$

$$= \quad \begin{cases} +\,s_1(n,1) & ; \quad \textbf{gerade}(n-1) \\ -\,s_1(n,1) & ; \quad \textbf{ungerade}(n-1) \end{cases}$$

$$= \quad \begin{cases} +\,(\,s_1(n-1,0) - (n-1)\cdot s_1(n-1,1)\,) & ; \quad \textbf{gerade}(n-1) \\ -\,(\,s_1(n-1,0) - (n-1)\cdot s_1(n-1,1)\,) & ; \quad \textbf{ungerade}(n-1) \end{cases}$$

$$= \quad \begin{cases} +\,(\,0 - (n-1)\cdot s_1(n-1,1)\,) & ; \quad \textbf{gerade}(n-1) \\ -\,(\,0 - (n-1)\cdot s_1(n-1,1)\,) & ; \quad \textbf{ungerade}(n-1) \end{cases}$$

$$= \quad (n-1)\cdot \begin{cases} (\,-s_1(n-1,1)\,) & ; \quad \textbf{ungerade}((n-1)-1) \\ (\,+s_1(n-1,1)\,) & ; \quad \textbf{gerade}((n-1)-1) \end{cases}$$

$$= \quad (n-1)\cdot |s_1(n-1,1)| \quad = \quad (n-1)\cdot z_{n-1} \quad \overset{!}{=} \quad (n-1)\cdot((n-1)-1)!$$

$$= \qquad\qquad (n-1)! \qquad\qquad\qquad = \qquad\qquad z_{n_\text{F}}$$

Zyklus-Notation: $z_n \quad := \quad \begin{bmatrix} n \\ 1 \end{bmatrix}$

i) Basis: $n_0 := 1$

$$z_{1_\text{Prinzip}} \quad := \quad \begin{bmatrix} 1 \\ 1 \end{bmatrix} \quad = \quad 1$$
$$z_{1_\text{Formel}} \quad := \quad (1-1)! \quad = \quad 0! \quad = \quad 1 \quad = \quad z_{1_\text{P}} \quad .$$

ii) Hypothese: $z_{n-1} \quad := \quad \begin{bmatrix} n-1 \\ 1 \end{bmatrix} \quad = \quad ((n-1)-1)!$

iii) Schritt: $n-1_{[\geq n_0]} \quad \rightarrow \quad n_{[>n_0]}$

$$z_{n_\text{P}} \quad := \quad \begin{bmatrix} n \\ 1 \end{bmatrix} \quad = \quad \begin{bmatrix} n-1 \\ 0 \end{bmatrix} + (n-1)\cdot \begin{bmatrix} n-1 \\ 1 \end{bmatrix} \quad = \quad 0 + (n-1)\cdot z_{n-1}$$

$$\overset{!}{=} \qquad (n-1)\cdot((n-1)-1)! \qquad = \qquad (n-1)! \qquad = \qquad z_{n_\text{F}}$$

B.5   Übung: Zähl-Techniken

Neue Aufgabe

Beim Fußball-Training haben wir $p_{[> 1]}$ Spieler und würden gern 2 Teams mit in etwa gleich vielen Kickern auf jeder Seite formieren.

Die Frage in den folgenden 3 Fällen[3] [a), b), c)] ist jeweils:

Wie viele verschiedene Formationen [=: $f(p) = \ldots$] sind möglich?

a) $p := 5$

b) $p := 6$

c) $p := n$ (der allgemeine Fall mit einer beliebigen Spieler-Anzahl) [ohne Beweis]

---

[3]Die 2 o. g. kleinen p-Zahlen tauchten bei unserem Hochschul-Hallensport damals wirklich mal auf.

Neue Lösung   (siehe auch S. 11/12 in meinem hinten zitierten Informatik-Buch)

a)

$f(5) = C(5, \lfloor 5/2 \rfloor) = C(5,3) = C(5,2) = 5 \cdot 4/2 = 10$;   die Spieler heißen $A, \ldots, E$:

$AB|CDE, AC|BDE, AD|BCE, AE|BCD, BC|ADE, BD|ACE, BE|ACD, CD|ABE, CE|ABD, DE|ABC$.

Es ist nicht egal, ob man in einem 2er- oder 3er-Team spielt; daher kommt bei einer ungeraden # Spieler der volle Binomial-Koeffizient zum Tragen.

b)

$f(6) = C(6,3) / 2 = 6! / (3! \cdot (6-3)!) / 2 = (3! \cdot 4 \cdot 5 \cdot 6)/(3! \cdot 3!) / 2 = (2 \cdot 2 \cdot 5) / 2 = 10 \overset{\smile}{=}$

$f(6-1) = f(5)$;   die Spieler heißen $A, \ldots, F$:

$ABC|DEF, ABD|CEF, ABE|CDF, ABF|CDE, ACD|BEF, ACE|BDF, ACF|BDE, ADE|BCF, ADF|BCE, AEF|BCD$.

Bei gerader # Teilnehmer/innen kommt es für einen Spieler auf die # Möglichkeiten der verschiedenen Team-Formierungen mit $n/2 - 1$ Mitspielerinnen an, allgemein also

$$\binom{n-1}{\frac{n}{2}-1} \;=:\; x \;\underset{\text{[Bin.-Sym.]}}{=}\; y \;:=\; \binom{n-1}{n/2} \qquad .$$

c)

$$f(n) = C(n, \lfloor n/2 \rfloor) / \begin{cases} 1\,; & \text{ungerade}(n) \\ 2\,; & \text{gerade}(n) \end{cases}$$

oder: $\underline{\text{if}}$ gerade(n) $\underline{\text{then}}$ $p := n - 1$; $f(n) := C(p, \lfloor n/2 \rfloor)$ —   hierzu folgender

Hintergrund: $f(n) \underset{\text{[gerade}(n)\text{]}}{=} \dfrac{C(n, n/2)}{2} \underset{\text{[PASCALsches Dreieck]}}{=} \dfrac{C(n-1, n/2-1) + C(n-1, n/2)}{2}$

$\underset{\text{[Bin.-Sym.]}}{=} \dfrac{2 \cdot C(n-1, n/2)}{2} = C(n-1, n/2) \underset{\substack{[n-1 =: p < n] \\ \text{[ungerade}(p)\text{]}}}{=} C(p, n/2)$.

Die im Fall „b)" eingeführten Binomial-Größen x und y helfen, das Ganze hier weiter zu illustrieren: Da $x + y =:_{\text{[gerade}(n)\text{]}} z \underset{\text{[PASCALsches Dreieck]}}{=} C(n, n/2)$, gilt: $x = y = z/2$.

In einer solchen Situation mit einer geraden # Spieler/innen zeigt der uninteressante Fall $n := 2$ sehr schön, dass es egal ist auf welcher Seite man kickt [$f(2) = C(2,1)/2 = 1$].

B.6   Übung: Wahrscheinlichkeits-Theorie

Neue Aufgabe

Gesucht ist die Wahrscheinlichkeit p_n (in %), dass in einem $n_{[>\,0]}$-stelligen Bit-Vektor die Werte-Belegung für das erste und das letzte ⌣ Bit gleich ist.

Neue Lösung

$$p_n \;=\; \frac{|E|}{|\Omega|}$$

$$= \begin{cases} \frac{2}{2} & ; \quad n = 1 \quad (\text{erstes Bit} \overset{\smile}{=} \text{letztes Bit}) \\[2mm] \frac{2}{4} & ; \quad n = 2 \quad (\text{es existieren nur die 2 Bits}) \\[2mm] \frac{2 \cdot 2^{(n-2)}}{2^n} & ; \quad n > 2 \quad (\text{gefragtes Paar, Rest}-\text{Bits beliebig}) \end{cases}$$

$$= \begin{cases} 1 & ; \quad n = 1 \\[2mm] \frac{1}{2} & ; \quad n = 2 \\[2mm] 2^{[1+(n-2)-n]} & ; \quad n > 2 \end{cases}$$

$$= \begin{cases} 1 & ; \quad n = 1 \\[2mm] 2^{(-1)} & ; \quad n \geq 2 \end{cases}$$

$$= \begin{cases} 100\,\% & ; \quad n = 1 \\[2mm] 50\,\% & ; \quad n > 1 \end{cases}$$

Literaturverzeichnis

Arnold, André / Guessarian, Irène: *Mathématiques pour l'informatique*, 4e édition, Dunod, 2005.

Beeler, Robert A.: *How to Count: An Introduction to Combinatorics and Its Applications — A problem-based approach to learning Combinatorics*, Springer International Publishing, 2015.

Biggs, Norman L.: *Discrete Mathematics*, 2nd edition, reprinted with corrections, Oxford University Press, 2005.

Ferland, Kevin: *Discrete Mathematics and Applications*, 2nd edition, Routledge / CRC / Chapman and Hall / Taylor & Francis, 2017.

Graham, Ronald L. / Knuth, Donald E. / Patashnik, Oren: *Concrete Mathematics — A Foundation for Computer Science*, 2nd edit., 20th pr., Pearson, Addison-Wesley, 2006.

Hower, Walter: *Informatik-Bausteine — Eine komprimierte Einführung*, Springer Nature Vieweg Fachmedien, Softcover 978-3-658-01279-3, eBook 978-3-658-01280-9, 2019; Rezension: https://doi.org/10.1007/s00287-020-01237-8, 2020.

Rosen, Kenneth H.: *Discrete Mathematics and Its Applications*, 8th edition, McGraw-Hill, 2019.

Rosen, Kenneth H. / Shier, Douglas R. / Goddard, Wayne (eds.): *Handbook of Discrete and Combinatorial Mathematics*, 2nd edition, Routledge / CRC / Chapman and Hall / Taylor & Francis, 2018.

https://doi.org/10.1515/9783110695557-010

Register

https://doi.org/10.1515/9783110695557-011

www.ingramcontent.com/pod-product-compliance
Lightning Source LLC
Chambersburg PA
CBHW080536060326
40690CB00022B/5143